U0553601

乔永波

著

企业环保投资效率评价指标体系构建研究

RESEARCH ON
BUILDING OF
EVALUATION INDEX
SYSTEM OF CORPORATE
ENVIRONMENTAL
INVESTMENT EFFICIENCY

社会科学文献出版社
SOCIAL SCIENCES ACADEMIC PRESS (CHINA)

前　言

我国是世界上最大的发展中国家，伴随经济的高速增长，能源资源的过度消耗、严重的工业污染和生态环境破坏等问题越来越突出。我国正在为环境污染付出沉重代价，防治环境污染迫在眉睫。

尽管我国政府和 NGO 做了大量环境保护工作，但为什么我国的环保成效不明显？如何分析这些原因并提出解决方案？这些问题是学者应该着力关注的。

事实上，我国 80% 以上的环境污染来自企业的生产经营活动，企业作为市场的主要参与者和社会的主要经济主体，也是环境问题的主要制造者，他们应该在环保投资方面发挥最大的主体作用。现实状况却是，企业环境治理存在环保投资效率低下的问题。

企业环保投资效率是企业环保投资研究的重点关注部分，而提高企业环保投资效率首先需要有合适的企业环保投资效率评价工具。本书希望通过分析、研究相关成果构建企业环保投资效率评价工具，以便为企业环保投资效率的提高做出努力。

本书以企业环保投资效率评价指标体系构建为研究目标，以国家环境政策、法规和国内外企业环保投资效率评价研究文献为基础，结合经济学、管理学、投资学、统计学和会计学等相关学科知识，采用规范研究与实证研究相结合的方法，从理论上探讨和研究了企业环保投资效率评价指标体系的构建，并以我国沪深两市重污染行业上市企业为研究样本，对企业环保投资效率评价指标体系的应用效果做了检验。

为探讨和研究企业环保投资效率评价指标体系的构建，本书从文献综述、理论研究、内容与结构及应用效果等方面展开研究，具体研究内容概述如下。

第一章是企业环保投资效率评价指标体系研究综述。本章回顾了国内外政府机关、学术组织和研究学者关于企业环保投资效率评价指标体系的研究成果，为本书研究企业环保投资效率评价指标体系的构建提供了丰富的素材和基本的研究背景。本章基于企业环保投资效率评价问题对国内外相关研究成果进行了综述、比较分析，认为构建企业环保投资效率评价指标体系需要对其有明确的定位、特色及成效等预期，明了其构建所需的科学条件，如框架结构选择、指标筛选、评价标准确定等，尤其重要的是要弄清楚企业环保投资效率评价指标体系的核心问题，如企业环保投资效率概念、评价指标体系的目标、指标间关系确定等，本章为后续企业环保投资效率评价指标体系的构建研究提供了明确的研究方向。

第二章是企业环保投资效率评价指标体系构建的理论依据。本章是本书的基础部分，为研究企业环保投资效率评价指标体系构建及应用提供了必要理论支持。本章选取投资理论、效率理论、企业环境战略管理理论、利益相关者理论和竞争优势理论作为研究企业环保投资效率评价指标体系构建的主要理论，研究认为环境保护投资"投资说"强调企业环境保护投资是企业的一种投资，必然要求企业衡量其环保投资的效率问题，可以说，投资理论为要求企业关注其环保投资效率提供了理论支持；依据效率理论，本章界定企业环保投资效率为企业环保投资所产生的投入与产出的比较，企业环保投资效率评价指标体系结构关系表现为产出与投入的比值；依据企业环境战略管理理论，企业环保投资效率评价指标体系的评价目标应是提高企业环保投资效率，实现企业价值的可持续增长。企业环保投资总产出指标除考虑企业环保投资为企业自身带来的经济效益外，还需要考虑企业环保投资环境效益和企业环保投资社会效益等内容。利益相关者理论认为企业利益相关者是企业环保投资效率提高的驱动因素之一，同时其也明确了与企业环保投资有关的利益相关方范围。竞争优势理论要求企业关注环保投资效率，同时为衡量企业环保投资效率提供了理论支持。

　　第三章是企业环保投资效率评价指标体系内容研究。本章是本书的核心章节，主要对企业环保投资效率评价指标体系的内容做系统、深入分析。首先分析了企业环保投资效率评价指标体系的核心概念，如环保投资、企业环保投资和企业环保投资效率等；其次明确了企业环保投资效率评价指标体系的总目标及子目标；最后按照企业环保投资效率评价指标体系涉及的基本内容（也就是该评价指标体系相关评价问题的内涵与外延确定）做展开分析。本章的研究为后续企业环保投资效率评价指标体系构建研究打下了坚实的基础。

　　第四章是企业环保投资效率评价指标体系构建研究。本章也是本书的核心章节，本章的主要内容包括简述企业环保投资效率评价指标体系构建遵循的原则，企业环保投资效率评价指标体系的指标选择，企业环保投资效率评价指标体系的建设说明等。简述企业环保投资效率评价指标体系构建原则，保证构建过程的规范性。在企业环保投资效率评价指标体系具体构建过程中，根据指标的初次选择和优化选择两个环节确定具体指标。关于指标体系建设方面的研究，主要从权数构造和合成模型选择两方面展开。本章设置了各级指标调查问卷，根据专家组回馈结果采用层次分析法计算出各级指标合理权重。关于合成模型，本章根据指标性质不同，企业环保投资总效益目标层、企业环保经济效益准则层和企业环保总投入目标层等指标，采用简单加权平均法合成百分值，企业环保投资环境效益和社会效益准则层等指标，采用平方加权平均法合成百分值。评价指标体系各级指标、计算方法和指标体系建设的确定，标志着企业环保投资效率评价指标构建顺利完成。

第五章是企业环保投资效率评价指标体系应用效果分析。本章也是本书的核心章节，企业环保投资效率评价指标体系的构建还需要经过实践检验才能证明其科学性、合理性及有效性。为此，本章对企业环保投资效率做了简单理论分析并提出研究假设作为检验依据。利用我国环境保护部发布的《上市公司环保核查行业分类管理名录》中列述的行业为研究对象，采用年报内容分析法从这些污染行业上市企业 2009～2016 年发布的财务年度报告和各类型社会责任报告中搜集有效信息，根据构建的企业环保投资效率评价指标体系计算出研究样本的企业环保投资效率，对经典 Ohlson 模型做适当修正，证实了企业环保投资效率、企业环保总投入、企业环保投资环境效益与企业价值具有显著正相关关系，最后利用模型对上述研究结果做了稳健性检验，最终证实基于我国资本市场数据的企业环保投资效率评价指标体系具有一定的科学性、合理性和有效性。

第六章是研究总结与政策建议。本章汇总了本书的研究结论并提出了政策建议,认为本书研究了企业环保投资效率评价指标体系需要解决的基本内容,增加了对企业环保投资效率相关核心概念新的认识,构建了全新的企业环保投资效率评价指标体系,检验了企业环保投资效率评价指标体系的科学性、合理性及有效性。本章还提出了一些政府宏观层面、市场中观层面及企业微观层面等政策建议,认为从政府宏观层面应制定政策促使企业增加环保投入、产出相关信息的披露,如对企业环保投入按环境污染预防投入、日常管理投入和污染治理投入分类列示,企业环保产出按企业环保投资经济效益、企业环保投资环境效益和企业环保投资社会效益分类列示;强制企业披露噪声及"三废"等污染物浓度监测数据等;加强环境会计制度建设,使企业更好记录环保投入、产出经济数据。市场中观层面应在企业绩效评价指标中增加企业环保投资效率评价指标,使利益相关者利用该指标评价企业环保绩效,并可以依据该指标做出决策;增加利益相关者对企业环保投资满意度评价信息,便于企业环保投资社会效益衡量。企业微观层面应定期计算企业环保产出与投入的比值,使该比值成为衡量企业经营者资产管理能力的指标;企业期初应预计环保产出与投入,并与期末实际值进行比较,作为衡量企业经营者经营管理能力的指标。最后指出了本书研究局限及后续研究展望,为后续的研究指出方向。

本书的研究创新之处体现在以下几个方面。

一是构建了全新的企业环保投资效率评价指标体系,该评价指标体系既明确了企业投资环境保护追求经济效益,也明确了政府要求企业环保投资追求环境效益和社会效益,也就是企业环保投资追求包括经济效益、环境效益和社会效益在内的综合效益;

该评价指标体系界定企业环保投资效率为企业环保投资总效益除以企业环保总投入，考察的是企业环保投资过程的绩效。

二是在利用企业环保投资效率评价指标体系计算企业环保投资效率过程中，环境效益和社会效益指标的合成利用了平方加权平均的合成思想，体现了环境绩效评价中常用的"奖惩"思想，也使得企业环保投资效率评价指标体系具有变权的特征。计算出的企业环保投资效率具有动态特点，随着样本单位、样本数量、时间范围等的变化，同一企业的环保投资效率会出现变动，这种动态思想会使企业环保投资效率具有预期评价的特点，即如果企业期初公布了企业的环保投资、防治污染计划，该指标体系就会形成预期企业环保投资效率和实际企业环保投资效率的比较，对企业价值的影响解释将更有力。

三是利用我国资本市场数据实证检验，基于经典 Ohlson 模型证实利用企业环保投资效率评价指标体系计算得出的企业环保投资效率与企业价值具有显著正相关关系，同时也得出企业环保总投入、企业环保投资环境效益与企业价值显著正相关等有益结论，为企业加大环保总投入和提高环保投资效率产生更大企业价值提供了经验证据，为利益相关者通过企业环保投资效率指标做出决策提供了经验证据，也为政府制定相关环境法规、规章和制度提供了数据支持。

Preface

China is the world's largest developing country, with rapid economic growth, the problems of excessive consumption of resources and energy, serious industrial pollution and ecological damage to the environment etc. are more and more prominent. Our country is paying a heavy price for environmental pollution, the prevention and control of environmental pollution is imminent.

Although our government and NGOs have done a lot of work to protect the environment, why the environmental protection effect is lack of effectiveness? How to analyze and propose solutions to these questions? Scholars should focus on the answers to these questions.

In fact, more than 80% of China's environmental pollution is from the production and management activities of corporate, corporate as the main participator in the market and the main economic entity of society, are also the major manufacturer of environmental issues, they should play the most important role in environmental protection investment. However there is low investment efficiency in the corporate environmental protection.

The study of the corporate environmental investment efficiency is an important direction in the following corporate environmental investment research, and the improvement of corporate efficiency of environmental investment firstly needs to have the appropriate environmental investment efficiency evaluation tool. This article aims to build corporate environmental investment efficiency evaluation tools through analysis and research on the related achievements, in order to make efforts to improve corporate environmental investment efficiency.

This paper puts the building on evaluation index system of corporate environmental investment efficiency as the research object. Based on the national environmental policies, regulations and literature of domestic and foreign corporate environmental investment efficiency evaluation, combining relevant discipline knowledge of economics, management, investment, statistics and accounting, etc. , this paper uses the method of combining normative research and empirical research, and theoretical discusses and researches the building on evaluation index system of corporate environmental investment efficiency, and test the effect of application of for the enterprise environmental investment efficiency evaluation index system taking listed companies from heavy pollution industry in Shanghai and Shenzhen Stock Market as samples.

For discussion and research of the building of environmental investment efficiency evaluating index system. The paper researches from some parts, such as literature review, theoretical studies, content, structure and effect of application of system, each part of the studies is as follows.

The first part is reviews on corporate environmental investment efficiency evaluation index system. This part looked back the domestic and foreign research findings about corporate environmental investment efficiency evaluation index system of government offices, academic organizations and scholars, which provides abundant materials and basic study background for this paper building firms environmental investment efficiency evaluation index system. This part makes overview and comparative analysis on the domestic and foreign research production of corporate environmental investment efficiency evaluation index system, considers that building firms environmental investment efficiency evaluation index system need clear expectation about its orientation, feature, effect as well as its scientific condition such as framework choice, index choosing and evaluation criterion, especially, it is important to clarify the core issues of firms environmental investment efficiency evaluation index system, for example, the concept of corporate environmental investment efficiency, the target of the evaluation index system of corporate environmental investment efficiency and the relationships of indicators, and so on. This part provides explicit research direction for the next study on building firms environmental investment efficiency evaluation index system.

The second part is the base theories of corporate environmental investment efficiency. It is the basic part of this paper, which provides necessary theoretical support for building and application of corporate environmental investment efficiency. This article chooses investment theory, efficiency theory, theory of environmental strategic management, stakeholder theory and competition superiority theory as the main theories of studying corporate environmental investment efficiency. The study concludes that environmental protection investment "investment view" emphasizes corporates' environmental protection investment is a kind of investment, which need to weigh the efficiency problems of corporate environmental investment certainly, so to speak, investment theory provides theoretical support for corporate give attention to environmental investment efficiency; in present, there is no agreement of opinion on the concept of corporate environmental investment efficiency, this paper bases on efficiency theory and emphasizes that the concept of corporate environmental investment efficiency is the ratio of corporate environment protection output to input, it is the performance of corporate environmental investment process that the concept investigates; environmental strategic management and environmental responsibility attitude have close connection to corporate environmental investment efficiency, because environmental strategic management theory and the Phasing of environmental responsibility attitude provide direction for corporate environmental investment efficiency. That is, raising corporate environmental investment efficiency may spur corporate environmental strategy turning to manipulation type strategy from avoidance type strategy, at the same time, it may make corporate realize that environmental investment has cost-effective property, and may play an important role in changing corporates' environmental responsibility attitude; stakeholder theory may make corporate realize that enhancing corporate environmental investment efficiency would satisfy itself environmental investment economic benefits as well as foreign stakeholders' environmental appeals; the "innovation" thought of competition superiority theory makes corporate fully realize that enhancing corporate environmental investment efficiency would ensure the internal advantages of corporate competition, namely, enhancing corporate environmental investment efficiency will urge corporate to innovate further on equipment, production technology, product research and development as well as corporate management system, therefore, which will the make the corporate keep strong competition advantages comparing to the other corporate.

The third part is the content research of corporate environmental investment efficiency evaluation index system. This part is the core chapter of the paper, and it mainly make systematical and in-depth analysis on the content of corporate environmental investment efficiency evaluation index system. The first, this part analyzes the core concept of corporate environmental investment efficiency evaluation index system, such as environmental investment, corporate environmental investment and corporate environmental investment efficiency and so on; the second, the part clarifies the general object and subject; finally, the part makes a deployment analysis on the basic content that corporate environmental investment efficiency evaluation index system involves (namely, defining the connotation and extension of evaluating problems related to the evaluation index system). This part lies a solid foundation for researching on construct of corporate environmental investment efficiency evaluation index system.

The fourth part is research on structure and application of corporate environmental investment efficiency evaluation index system. This part is the core chapter of the paper also, the contents of this part involves the building principles of environmental investment efficiency evaluation index system, selection of indexes on environmental investment efficiency evaluation index system, description of building of environmental investment efficiency evaluation index system and etc. Briefly describes the building principles of environmental investment efficiency evaluation index system, guarantees the normative-ness of the building process; In the building process, determines the final specific indexes at all levels according to the index of the first two links which are the selection and optimal selection; For building research on the index system, this paper is mainly from two aspects of weight structure and synthesis model selection. This paper sets the questionnaire at all levels, and their reasonable weights are calculated by the method AHP, according to the expert group feedback. For synthetic model, based on the nature of the different indicators, a simple weighted average of percentile is used for the total benefits of corporate environmental investment target layer, corporate environmental and economic criteria level corporate environmental and the total investment target level etc. , while the weighted average square percentile is used for Environmental benefits of corporate environmental investment and social benefit. Index evaluation system at all levels, the determination of calculation methods and index system building, marks the enterprise environmental protection investment efficiency evaluation index to set up a complete.

The fifth part is analysis on effect of application for the enterprise environmental investment efficiency evaluation index system. This part is a core section as well. The environmental investment efficiency evaluation index system needs to be tested strictly to prove it's scientific, reasonable and effective. Therefore, this section has made some simple theory analysis for the enterprise environmental protection investment efficiency and put forward the research hypothesis as a test basis. Using the industries listed in the column of "environmental inspection of listed companies Industry Classification Catalogue", released by China's Ministry of Environmental Protection, as the research object, collecting useful information from financial annual report for 2009 – 2013 released by listed companies which is involved in polluting corporate, using report content analysis method, and from various social responsibility reports, according to enterprise environmental investment efficiency evaluation index system, calculating the result of a sample of corporate environmental investment efficiency, through appropriate amendment of classical Ohlson model, it has proved that the environmental protection investment efficiency and enterprise value has significant positive correlation, the total investment in corporate environmental and enterprise value has a significant positive correlation, the environmental protection investment environment benefit and enterprise value has significant positive correlation. Afterwards, through robustness testing of the model results in the study, it has proven that China's capital market-based environmental investment efficiency evaluation index system has a certain scientific, reasonable and effective.

The sixth part is research summary and recommendations. This part summarizes the research conclusion and put forward some recommendations. It concludes: the paper has increased the understanding of core concepts of enterprise environmental investment efficiency evaluation index system, clarified the basic contents that need to be solved, built the comprehensive evaluation of enterprise environmental protection investment efficiency, and examined the scientificalness, rationality and effectiveness of the system. This paper also presents some of the government's macro-level, markets meso level and enterprise micro-level policy advice. From the macro level, the government should make policies to promote corporate to increase information disclosure about input and output of corporate environmental investment. The disclosure of information includes many, such as making classifications list of corporate environmental investment according to pollution prevention, daily management and pollution control, and making classification list of corporate environmental benefits according to economic, environmental and social elements, mandatory disclosing corporate information of monitoring data of pollution concentration about corporate "three wastes" and noise, strengthening the environmental accounting system to enable corporate to better record economic data about input and output of corporate environmental investment; for the market meso level, the market Should add evaluation index of corporate environmental investment efficiency in corporate performance evaluation indexes, enable stakeholders of corporate to make use the efficiency index to evaluate corporate performance of environmental investment, and make decision based on the efficiency index. And should also add satisfaction evaluation information of corporate environmental investment based stakeholders of corporate, and enable to measure social benefits of corporate environmental investment; from the micro-level, corporate should calculate the ratio of corporate environmental outputs and inputs, make the ratio as a index to evaluate asset management capabilities of corporate manager. Corporate should predict corporate environmental outputs and inputs at the beginning of the period to make a comparison with the final actual value, and make the comparison as a index to evaluate management capabilities of corporate manager.

Finally, this paper points out the limitations of the study and follow-up research prospects, pointing out the direction for the follow-up study.

The innovation of this article may be reflected as the follow.

Building a new evaluation index system of corporate environmental investment efficiency, and the evaluation index system clears that corporate make environmental investment a pursuit of economic benefits, and also clears that government require the corporate environmental investment to the pursuit of environmental and social benefits, namely that corporate environmental investment make a pursuit of comprehensive benefits including economic, environmental and social benefits. The evaluation index system defines that corporate environmental protection investment efficiency is the total environmental protection investment benefits divided by the total environmental protection investment in order to assess the environmental performance. The paper stresses that the environmental investment efficiency should be based on the environmental protection investment growth. Only when the environmental protection investment is increased, the investment efficiency could be improved.

In the index system, the idea of square weighted average is integrated into the reconciliation of environmental benefits and social benefits to reflect the "reward and punishment" idea commonly used in environmental performance evaluation as well as bringing the variable weight characteristic into the system. The environmental protection investment efficiency is a dynamic concept. It changes with the sample unit, sample size and time. Therefore the environmental protection investment efficiency will vary in one company. Such a dynamic characteristics will make the investment efficiency predictable to the company. Namely, if the company at the beginning of the year announces the budget of investment and the pollution, this index system can make comparisons between expected investment efficiency and actual efficiency. It will give more powerful explanation to the corporate value.

The empirical test using the capital market data of China is conducted. Using the classic Ohlson model and the environmental protection efficiency evaluation index system, the empirical results show that the environmental protection investment efficiency is significantly positively related to corporate value. The total environmental protection investment is significantly positively related to corporate value. The environmental protection benefit is significantly positively related to corporate value. The paper provides empirical evidence that the increase of environmental protection investment and the improvement of environmental protection investment efficiency will add value to company, and that the relevant business interests outside the corporate can make a decision based on the evaluation index system of corporate environmental investment efficiency. The paper also gives data support for the government to enact relevant environmental laws, regulations, and policies.

目　录

绪　论……………………………………………………………… 001

第一节　研究背景与研究意义 ………………………………… 001

第二节　研究目的、内容与研究方法 ………………………… 013

第三节　研究思路 ……………………………………………… 016

第一章　企业环保投资效率评价指标体系研究综述…………… 018

第一节　关于企业环保投资效率评价指标体系内容

　　　　研究 …………………………………………………… 020

第二节　关于企业环保投资效率评价指标体系结构

　　　　研究 …………………………………………………… 025

第三节　关于企业环保投资效率评价指标体系应用

　　　　研究 …………………………………………………… 031

第四节　启示及思考…………………………………………… 036

第二章　企业环保投资效率评价指标体系构建的理论依据…… 045

第一节　投资理论……………………………………………… 046

第二节　效率理论……………………………………………… 048

第三节　企业环境战略管理理论………………………………… 050

第四节　利益相关者理论………………………………………… 053

第五节　竞争优势理论…………………………………………… 056

第三章　企业环保投资效率评价指标体系内容研究…………… 058

第一节　企业环保投资效率评价指标体系基本概念分析与
　　　　界定…………………………………………………… 059

第二节　企业环保投资效率评价指标体系评价目标………… 067

第三节　企业环保投资效率评价指标体系主指标分析……… 069

第四章　企业环保投资效率评价指标体系构建研究…………… 079

第一节　企业环保投资效率评价指标体系构建原则……… 079

第二节　企业环保投资效率评价指标体系指标选择……… 081

第三节　企业环保投资效率评价指标体系建设…………… 094

第四节　企业环保投资效率评价指标体系应用条件……… 114

第五章　企业环保投资效率评价指标体系应用效果分析……… 117

第一节　理论分析……………………………………………… 117

第二节　研究假说……………………………………………… 122

第三节　研究设计……………………………………………… 125

第四节　统计分析……………………………………………… 133

第五节　研究结论……………………………………………… 142

第六章　研究总结与政策建议………………………………… 145

第一节　研究结论……………………………………………… 145

第二节　政策建议 ………………………………………… 148

第三节　研究创新 ………………………………………… 152

第四节　研究局限与展望……………………………………… 153

参考文献 ……………………………………………………… 155

附　录 ………………………………………………………… 172

绪　论

第一节　研究背景与研究意义

一　研究背景

随着世界经济的迅速发展，具有全球性的重大环境问题如全球变暖、臭氧层破坏、海洋污染等已经严重威胁到人类发展，全球国家正在积极应对这些环境问题。为联合应对世界环境污染问题，联合国于1972年6月首次在瑞典斯德哥尔摩召开人类环境会议，正式在全球范围提出环境联合应对问题。20世纪80年代后期的可持续发展战略以及相继的绿色经济的兴起，使得环境保护成为各国社会经济发展中的一个重大问题。1992年6月，联合国又在巴西里约热内卢召开了联合国环境与发展会议，会议通过了《关于环境与发展的里约热内卢宣言》《21世纪议程》《关于森林问题的原则声明》等3项文件。这次会议在人类环境保护与持续发展进程上迈出了重要的一步，具有积极意义。之后的1997年12月联合国气候变化框架公约参加国制定了人类历史上第一个具有法律约束力的减排文件——联合国气候变化框架公约的京都议定书（简称《京都议定书》），并于 2005 年正式生效。2009 年 12 月，哥本哈根世界气候大会召开，来自 192 个国家的代表共同商讨《京都议定书》一期承诺到期后的后续方案，即 2012～2020 年的全球减排协议，这是继《京都议定书》之后又一具有划时代意义的全球气候协议书。可见，加强环境保护，控制环境污染是全球国家形成的共识。但是相关国家出于国家自身利益考虑，通过国际合作治理全球环境污染产生的效果并不佳，至今《京都议定书》的一期减排承诺尚未真正兑现。立足于我国实际，处理好自身环境保护，控制自身环境污染，就是对全球污染控制作出了重要贡献。

我国是世界上最大的发展中国家，伴随经济的高速增长，资源能源的过度消耗，严重的工业污染和生态环境破坏等问题越来越突出。我国正在为环境污染付出沉重代价，《2012 中国可持续发展战略报告》研究数据显示，"1990～2009 年间，中国的 GDP 增长了 5.6 倍，但是能源消费增长了 2.6 倍，成品钢材消费增长了 9.3 倍，水泥消费增长了 6.9 倍，有色金属消费增长了 13.2 倍，二氧化碳排放增长了 2.4 倍。2009 年在参与世界主要国家资源环境综合绩效排名的 72 个国家中，中国排名仅 69 位。其中，中国的 SO_2、化石燃料燃烧和能源使用产生的 CO_2 等污染物排放量，却位居世界首位"。

我国政府为我国环境保护做了大量卓有成效的工作。1996 年 6 月，我国第一次以白皮书的形式向国际社会介绍我国环境状况。2006 年 6 月 5 日，国务院新闻办公室公布《中国的环境保护（1996～2005）》白皮书，全面回顾了我国自 1996 年以来的环境保护成果。白皮书指出，中国政府高度重视保护环境，将环境保护确立为一项基本国策，把可持续发展作为一项重大战略。近年来，我国更是出台了一系列具体的环境治理政策，环境保护部于 2011 年 5 月启动了对排放重金属污染物的上市公司开展环保后的现场督察工作，并重点检查群众反映强烈的企业，史上最严厉的《环境保护法》正式通过审议，并于 2015 年 1 月 1 日正式实施。

我国公众参与环境保护的广度和深度也不断拓展，NGO（非政府组织）与政府携手合作推进环保，成为我国环境保护领域一个重要的特点和新趋势①。继国家发布中国环境保护白皮书之后，2006 年 2 月 28 日我国首部环境绿皮书——《2005 年：中国的环境危局与突围》在京发布②，迄今已连续发布 13 版，反映了我国 NGO 对我国环境保护的深切关注。

尽管我国政府和 NGO 做了大量环境保护工作，但让人忧虑的是，我国环境形势依然十分严峻。中国首家民间环保组织自然之友发起人之一杨东平 2006 年在接受《第一财经日报》采访时指出："我国的污染已经呈现出'复合型、压缩型'的特点，发达国家在工业化中后期出现的污染公害已在我国普遍出现，我国已没有继续支持目前经济增长方式的环境容量。"

我国政府"十二五"规划纲要提出"加快建设资源节约型、环境友好型社会，提高生态文明水平"的发展目标，"十三五"规划提出"完善生态文明体系建设"的发展目标，党的十八大、十九大更是提出建设"美丽中国"的设想，这些足见我国政府对资源节约和环境保护的重视程度。但是为什么我国的环保成效不明

---

① 《首部环境绿皮书发布 2005 中国环保的民间记录》，人民网，http://env.people.com.cn/GB/1072/4157275.html。
② 《十字路口的中国环境保护》，中国网，http://www.lianghui.org.cn/chinese/zhuanti/hjwj/1161880.htm。

显，如何分析这些原因并提出解决方案，是学者应该着力关注的话题。

环境问题究其本质，属于经济结构、生产方式和发展道路问题（周生贤，2010）。只有加快转变经济发展方式，推进经济结构的战略性调整，加强环保投资和提高环保投资效率，才能有效减少污染排放和降低污染浓度，从而真正有效解决环境问题，即解决环境问题的关键尤其在于确保环保资金的来源、投入和运作效率（李龙会，2013）。目前我国80%以上的环境污染来自企业的生产经营活动（沈红波等，2012），企业作为市场的主要参与者和社会的主要经济主体，也是环境问题的主要制造者，他们应该在环保投资方面发挥最大的主体作用。现实状况却是，我国现阶段的环保投融资渠道较单一（苏明，2009），政府环保投资是我国环保资金的主要来源（鲁焕生等，2004；高红贵，2009；沈红波等，2012），企业本身环境治理也存在环保投资不足和环保投资效率低下等问题。

企业环保投资不足的情况有望得到改善。随着我国社会主义市场经济体制的逐步完善、资本市场的迅速发展，加上国家和政府对环保的日益重视和严格监管，企业开始重视环保投资，理论研究也为企业重视环保投资提供了有力支持。如企业自愿进行环保投资能使消费者加深对企业的良好印象，而良好的企业形象又会产生社会声誉，进而增加消费者对企业产品的需求，这就是所谓的"声誉效应"。消费者的环保意识越强，这种"声誉效应"就会越明显。在垄断竞争中，企业的自愿环保投资行为既可以作为一种与竞争对手进行有效竞争的策略，也可以看作是向消费者保证产品质量的可靠信息。一般看来，一个行业中的新进入者将会导致现有企业销售量的降低，产生"商业窃取效应"，但是企业可以通过环保投资来提升他们的声誉，避免"商业窃取效应"的发生，这说明企业从事环保投资行为具有积极效应。除此之外，企业自愿遵守环境管制政策能成为企业获取政府支持和激励的一种有效手段。可以说，企业有动力参与环境保护投资，并通过这种行为解决生产经营过程中的环境污染问题。事实上，企业环保投资近年在稳步增长。

但我国企业环保投资效率低下的问题却没有得到根本改变，国内研究学者也证实我国企业环保投资的效率比较低下（尹希果等，2005；韩强等，2009；颉茂华等，2010）。也就是说，企业虽然能使企业环保投资总额上升，但却无法产生提高企业环保投资效率的结果。

政府对企业环保投资管理也存在着这种尴尬局面，政府可以通过制定、完善相关环境规制（如制定项目"三同时"制度、上市公司环保核查制度等）对企业施加影响，治理企业环保投资不足问题。但是政府对企业环保投资效率的提高却影响较小，因为环保法规的执行不力，环境遵守成本超过预期收益，企业往往没有开展环保投资的主动性和热情（Dasgupta 和 Laplante，2001）。

可见，提高企业环保投资效率更是当前企业环境污染治理面临的严峻问题。而提高企业环保投资效率首先需要有合适的企业环保投资效率评价工具，因此，企业环保投资效率评价及提高应是今后环保投资的研究方向之一。

但是，目前国内外缺乏基于企业微观层面的环保投资效率相关研究，不少学者基于国家层面展开环保投资效率的研究，如 Zaim 和 Taskin（2000）利用非参数方法，为经合组织成员国构建了衡量环境质量的环境效率指数，研究了人均 GDP 与环境效率的关系；曹颖等（2010）针对美国耶鲁大学和哥伦比亚大学于 2006、2008、

2010 年联合公布的"全球环境绩效指数"（EPI），提出我国应加快构建适合我国国情的环境绩效评估体系；尹希果（2005）和颉茂华（2010）等运用"环保投资优先增长模型"，对我国环保投资的运行效率进行了实证研究。也有学者基于区域层面研究环保投资效率，如 Jyri Seppala 等（2005）基于芬兰 Kymenlaakso 地区采用列示图的方法对区域生态效率进行评价；G. Oggioni 等（2011）基于水泥行业采用了数据包络分析法对多国的区域生态效率做了评价；Zhang Bing 等（2008）采用数据包络分析的方法评价了中国的区域生态效率；高瑜玲、林翊（2018）利用 DEA-BCC 模型测度了2006～2015 年中国 30 个省份的区域生态效率，并采用 Tobit 模型实证研究环境规制和区域生态效率的关系；胡卫卫等（2018）运用数量统计方法，借助 DEA-BCC 和 DEA-Malmquist 指数模型对福建省 9 地市 2006～2015 年的面板数据进行测度并对生态效率的技术进步变动指数、综合技术变动指数、纯技术效率指数和全要素规模效率指数的变动情况进行分析；罗能生、王玉泽（2017）运用包含非期望产出的超效率 SBM 模型测算出 1998～2013 年中国省域生态效率值，并基于动态空间杜宾模型，检验了财政分权、环境规制对生态效率的影响；任海军、姚银环（2016）运用包含非期望产出的 SBM 超效率模型测算 2003～2012 年中国 30 个省份的生态效率，比较高、低资源依赖度地区生态效率的差异；汪克亮等（2015）选择工业用水总量、工业煤炭消费量、工业 COD 排放量以及工业 SO_2 排放量作为环境压力代表性指标纳入 DEA 分析框架之中，实证测算 2006～2012 年长江经济带 11 个省市的 5 类工业生态效率（IEE）指标值，并考察 IEE 的地区差异与动态演变特征，采用 σ 收敛与绝对 β 收敛两种收敛分析方法检验 IEE 的收敛性，建立 Tobit 面板回归模型分析长江经济带 IEE 的影响因素；杨东民、李永卓（2016）利用陕西省资本市场数据采用回归模型，根据因子得分从微观视角实证分析了社会资本对生态环境保护绩效的效应；刘纪山（2009）基于 DEA 模型对我国中部六省环境治理效率进行了评价；王立岩（2009）基于两阶段 DEA 模型对山东省 15 个城市的环保治理效率进行了相对性评价；张红凤等（2009）从实证视角探讨了环境规制下山东省污染密集型产业的发展状况以及环境管制的绩效状况；张炳等（2008）采用基于投入型的数据包络分析方法评价了中国的区域生态效率；Tao 和 Li（2011）也采用了 DEA 方法进行生态效率评价，指标量化思想与张炳等（2008）相同，二者区别在于生态效率公式中分子分母的选择及数据包络分析模型略有不同。或者研究学者从行业层面研究环保投资效率，如 Sibylle Wursthorn 等（2011）提出了基于行业层面的生态效率方法：把环境强度作为衡量生态效率的工具，其计算公式是环境影响/经济绩效；吴小庆等（2009）对我国 19 家环保类上市公司的经营效率进行了分析与评价；张成等（2010）运用 DEA 方法对我国 1996～2007 年工业部门的全要素生产率进行了测算；许松涛和肖序（2011）研究了环境规制对重污染行业企业的投资效率影响程度；沈能（2012）以我国 2001～2010 年工业行业为例，基于行业异质性假定，检验了环境规制与环境效率之间的非线性关系；颉茂华等（2011）基于 Richardson 的残差度量模型，以沪深两市 43 家能源类上市公司为样本对企业环保投资效率进行了实证研究；何平林等（2012）以我国火电企业为例，采用数据包络分析方法构建了环境绩效评价实施流程等。

在不多的基于企业微观层面的环保投资效率研究文献中，也是多通过建立模型展开评价，如利用 DEA 模型对企业环境绩效展开评价，何平林等（2012）以我国火力发电企业为例进行案例研究，构建基于数据包络分析方法的环境绩效评价实施流程，通过效率值分析提供部门之间环境绩效横向比较的信息；通过投影值分析找出环境绩效不佳决策单元的薄弱环节，揭示其环境风险节点；通过敏感度分析挖掘各种输入、输出变量因素对于决策单元环境绩效的具体影响力，为不同决策单元的环境绩效管理找到工作重点；建立生态效率模型，戴玉才和小柳秀明（2006）将环境效率指标定义为"营业收入／（环境负荷总量 + 化石燃料消费量）"，以东京电力企业为案例，证明提高环境效率可以最大限度地提高经济效益，该文中定义的环境效率思想与世界可持续发展工商理事会提出的"生态效率"具有实质相同的特点。大多数学者则使用数据包络分析（DEA）模型（刘立秋、刘璐，2000；颜伟、唐德善，2007），选取多类投入指标与产出指标，对决策单元的环境治理效率进行相对有效性评价。或者通过其他单一指标进行环保投资效率评价，如环境处理能力指数（process capacity indices）（Corbett 和 Pan，2002）、项目完成指数和生产效能指数（袁明，2007）、环境绩效指数（何丽梅、侯涛，2010）、废物循环使用百分比（Al-Tuwaijri 等，2004）、环境绩效指数得分（Hughes 等，2001；Ingram 和 Frazier，1980）等。只有王帆、钱瑞（2017）以环境效率、社会效率、经济效率为准则层，基于 2010～2014 年沪深两户 A 股上市公司数据研究不同年度、行业、地区的企业环保投资效率特征构建环保投资效率体系。

也有国际学术组织、政府机构利用多指标体系研究企业环保投资效率[①]。但是，从以上的文献综述与分析中可以发现，现有文献对环保投资效率研究还是更多关注宏观层面，缺乏微观层面的

---

① 该方面具体研究内容在后续第一章中有详细描述。

企业环保投资效率研究，尤其是利用资本市场或统计数据展开的实证研究方面鲜有企业环保投资效率研究成果出现，更是没有跨行业研究企业环保投资效率的实证研究文献；企业环保投资效率评价方法不统一，不同学者对企业环保投资效率评价的使用方法不同，如有使用距离函数的 DEA 方法，有使用类似于世界可持续发展工商理事会提出的"生态效率"比值法等；在通过模型衡量企业环保投资效率文献中存在过多的 DEA 模型，而没有考虑 DEA 模型的应用局限。在用综合评价指标体系衡量企业环保投资效率时，不同的机构、学者其评价指标体系指标设计也有很大不同，且评价指标体系更多地衡量企业环保投资的结果，没有考察企业环保投资的过程。

既有研究文献局限为本书探讨企业层面的环保投资效率提供了契机，也为从企业环保投入和产出两方面构建企业环保投资效率评价指标体系提供了研究空间。本书希望通过综述、分析研究相关既有成果构建企业环保投资效率评价指标体系，试图在评价、提高企业环保投资效率方面做出努力。

二　研究意义

环境污染问题的解决任重道远，需要政府、社会、企业和个人共同努力。具体到企业层面，应使企业充分认识到其逐步成为环保投资主体，环保投资的力度需持续加大，环保投资效率应不断提高的重要性。做到这些，需要环保投资理论学者和实际工作人员做到强化环保投入的基础作用，区分政府环保投资和企业环保投资，厘清企业环保投资的投资特性特征，强调环保投资的高产出投入比，多方面综合评价企业环保投资效率等工作。

要做到上述工作，有必要综述、思考既往企业环保投资效率评价研究成果，梳理企业环保投资效率核心概念，深刻分析企业环保投资效率评价指标体系内容，形成企业环保投资效率评价指标体系合理结构及对企业环保投资效率评价指标体系进行效用实证检验等研究。这些研究或从理论方面完善了企业环保投资效率概念认识，或从实践方面找到适合企业环保投资效率的评价工具，也为政府制定相关环境法规、规章和制度提供经验证据。也就是说，本研究具有重要的理论和实践意义。

（一）理论意义

一是构建了微观经济主体的环保投资效率评价指标体系，完善了企业绩效评价体系。企业环保投资具有一般投资的特征，讲究投资效率，但对企业环保投资效率的评价又有别于一般项目投资效率的评价。既往研究成果多用主流经济学效率理念评价企业环保投资效率，如用与最优投资规模的偏离表示企业环保投资的有效率和非效率，通过距离函数表达效率的 DEA 模型等。不同于既往研究，本书基于管理学角度界定企业环保投资效率为企业环保总效益与企业环保总投入的比值，初步构建了企业环保投资效率评价指标体系，并利用该评价指标体系对企业环保投资过程的绩效进行评价，完善了企业绩效评价体系。

二是通过实证研究验证了企业环保投资效率评价指标体系的科学性，也为微观层面研究环保投资提供了经验证据。本书借助于资本市场中财务报告、社会责任和企业环境影响报告书等公开报告数据，利用研究模型对构建的企业环保投资效率评价指标体系的科学性、适用性进行了论证。既往研究中，环保投资主体多以政府投资为主，加上企业环保投资信息非常匮乏，环保投资研究多集中在宏观层面，更是鲜有利用资本市场数据对微观层面的环保投资效率进行实证研究的文献，因此，本书的实证研究为微观层面研究环保投资提供了经验证据。

三是拓展了现代投资理论与方法的研究范畴。20 世纪 40 年代之前，环境问题并不突出，现代投资理论主要是为社会再生产服务，其核心是生产投资，尚没有涉及环境投资。20 世纪 50 年代环境公害事件不断在西方一些工业发达国家出现，于是环境投资在投资理论中开始出现，可以说环境投资理论成为现代投资理论的重要组成部分。在可持续发展观念影响下，环境投资理论从以前只研究投资规模和效益，开始向环境投资基本问题、环境投资与经济增长、环境投资优化配置等深层次研究发展。而企业环保投资效率的研究不仅关注企业环保投资带来的产出，还要结合其投入，追求高产出投入比。本书认为，企业环保投资效率研究使环境投资理论在微观研究层面又有深入发展，除关注企业环境投资的结果外，开始注重企业环境投资的过程考察，因此该研究在一定程度上丰富了现代投资理论。

四是扩大了会计信息及披露的研究范畴。环境日益恶化的现状促使社会关注企业记录及披露企业环保投资等方面的环境会计信息。企业作为市场的主要参与者和社会的主要经济主体，也是环境问题的主要制造者，他们理应在环保投资方面发挥最大的主体作用。但企业在环境污染治理投资方面毕竟与政府不同，因此，需要对政府环保投资和企业环保投资做清晰界定和区分，并对企业环保投资做进一步分类。本书提出，企业在环境污染治理过程中根据其投资逻辑过程，应包括环境预防投资、日常管理投资及污染治理投资等内容。同时强调了企业环保投资总效益包括经济效益，经济效益又进一步分为直接经济效益和间接环境效益。做到这些需要企业认真区分环境保护投入明细分类和经济效益明细分类，并要求企业区分其经济性质计入相应的环境会计科目，同时采用合适的方式予以披露，这些需要当前环境会计及时跟进、完善。因此，本书的研究在一定程度上扩大了会计信息及披露的研究范畴。

（二）实践意义

一是在微观层面上，该研究完善了企业会计科目建设，提高了会计信息披露水平。通过企业环保投资效率评价指标体系计算环保投资效率需要很多细化数据，如反映环境预防投资的"三同时"建设资产信息、环保产品研发信息等，再如反映环保投资直接经济效益的材料能源节省、环保产品销售净收益、废物综合利用收益等。这些需要企业用合适的会计科目反映并能从这些会计科目记录的业务中及时析出与环保投资有关的数据，还要以快捷的方式对外反映这些企业环保投资信息。因此，本书研究明确了部分可反映环保投资的会计科目，也涉及了说明企业环保投资会计信息的途径。也就是说，该研究完善了企业会计科目建设、提高了会计信息披露水平。

此外，投资者还可以把企业环保投资效率评价指标体系作为经营者业绩考核指标。根据本书研究，企业环保投资效率与企业价值有显著正相关关系，也就是说，企业经营者如果通过经营管理提高了环保投资效率，意味着带来了企业价值的增加，企业经营者的经营管理能力得到了体现。反之，企业经营者能力则不强。因此，投资者可以把企业环保投资效率评价指标体系作为评价工具来考核经营者的业绩。

二是在中观层面上，该研究为企业利益相关者的决策提供了依据。潜在投资者希望投资将来价值上涨的公司股票，本书研究建立企业环保投资效率与企业价值关系，使得企业环保投资效率成为企业价值的反映变量，因此，资本市场投资者可以通过计算企业的环保投资效率而做出投资决策，其他企业利益相关者也可以依据企业环保投资效率评价指标体系做出相应的决策。

三是在宏观层面上，该研究将帮助政府环境部门制定相关环境法规、规章和制度。为控制严重的环境污染，保证国家的经济结构合理调整，做到国家、行业的可持续发展，政府需要制定合适的引导企业可持续发展的环境政策。如政府可以以企业环保投资效率评价指标体系为平台评价企业环保投资实际状况，并依据其制定奖惩制度，如对企业环保投资效率高的企业给予现金、税收优惠等奖励，对企业环保投资效率差的企业给予罚款、停产整顿等惩罚。

第二节　研究目的、内容与研究方法

一　研究目的与内容

政府要求企业在创造经济效益的过程中承担必要的环境责任和社会责任，要求企业进行环境保护投资，而企业的天然逐利性使其投资追求经济效益，因此评价企业环保投资需要综合考虑环保投资带来的经济效益、环境效益和社会效益。

改善环境质量有必要重视环保投资的基础作用，同时把企业环保投资作为一个活动综合来看也非常必要，也就是要从企业环保投资的过程和结果两方面研究企业环保投资。当前，大多数文献割裂研究企业环保投资及其效率的做法和只重视企业环保投资结果的做法不利于真正改善、解决企业造成的环境污染问题。因此，兼顾企业环保投资经济效益、环境效益和社会效益，且基于对过程的考察研究构建企业环保投资效率评价指标体系是本书的主要研究目的。

本书主要研究企业环保投资效率评价指标体系的构建，为此对已有企业环保投资效率评价指标体系研究成果进行了综述，切实反映相关研究现状，深刻分析企业环保投资效率评价指标体系的内容，形成合理的企业环保投资效率评价指标体系结构，并对构建的企业环保投资效率评价指标体系进行应用检验，本书具体内容如下。

第一，对企业环保投资效率评价指标体系进行综述。综述我国环境保护部、学术机构和几个具有国际影响力的企业环保投资效率评价指标体系的主要内容，同时介绍了国内外研究学者对企业环保投资效率评价指标体系的研究成果。依据综合评价指标体系构建思路对这些研究成果进行概述，试图得出一些对企业环保投资效率评价指标体系构建有益的思考。

第二，简述企业环保投资效率评价指标体系构建的理论依据及基本研究内容。选取投资理论、效率理论、环境战略管理理论、利益相关者理论以及竞争优势理论作为本书的理论依据，对上述理论做基本说明并逐一概述了理论对本书研究内容的指导作用。另外，本部分还分析了企业环保投资效率理论作为环境投资理论的未来发展方向应涵盖的内容，指出企业环保投资效率理论至少应包括企业环保投资效率影响因素、企业环保投资效率相关概念、企业环保投资效率评价方法等内容。

第三，深刻分析企业环保投资效率评价指标体系应涵盖的内容。这是本书的重点环节，具体是从企业环保投资效率评价指标体系核心概念、评价目标的确定，到评价指标体系包括的主要内容进行了必要探讨。

第四，形成合理的企业环保投资效率评价指标体系结构。这也是本书的关键环节，企业环保投资效率评价指标体系经过结构优化形成了评价指标体系各级具体指标，并利用层次分析法结合专家调查问卷确定了评价指标体系各级指标权重，最后确定评价指标体系的合成模型，形成合理的评价指标体系结构。

第五，企业环保投资效率评价指标体系应用效果检验。该部分是本书极其重要的内容，该部分主要是根据相关研究文献，对经典 Ohlson 模型进行适当修正，利用我国资本市场数据对企业环保投资效率评价指标体系进行应用检验，并通过稳健性检验，以证实该评价指标体系具有较强的科学性、合理性和有效性。

第六，研究结论及政策建议。这是本书的总结部分，根据上述研究成果得出主要研究结论，并有针对性地提出了便于计算、评价、应用企业环保投资效率的政策建议，比如，从企业、社会、政府等角度提出了具体政策和建议。

二 研究方法

本书主要采用规范研究和实证研究相结合的方法，综合运用经济学、管理学、投资学、统计学和会计学等多学科知识，对企业环保投资效率评价进行拓展性研究。具体而言，本书采用的主要研究方法如下。

通过规范研究理论分析了企业环保投资效率评价指标体系的构建。如采用比较分析法对国内外企业环保投资效率评价指标体系研究成果进行了梳理，结合研究问题，寻找到了研究契机。在研究企业环保投资效率评价指标体系结构时，利用归纳分析法全面搜集、归纳整理了既往企业环保投资效率评价指标体系的研究成果，对具体指标进行了初选，然后对这些指标按综合评价指标体系的构建要求进一步进行优化，最后形成较为完善的企业环保投资效率评价指标体系。为计算企业环保投资效率，在数据整理环节，基于内容分析法，从企业发布的财务年报、社会责任报告和企业环境影响报告书中搜集、整理、计算环境效益、经济效益及环保投入指标数据。

通过实证研究检验了企业环保投资效率评价指标体系的应用效果。本书在理论分析企业环保投资效率与企业价值的关系之后，以我国环境保护部发布的《上市公司环保核查行业分类管理名录》中涵盖的沪深两市企业为研究样本，对企业环保投资效率与企业价值关系、企业环保总投入与企业价值关系等内容进行了实证检验，并做了相应稳健性检验，从而验证了企业环保投资效率评价指标体系的科学性、合理性及有效性。

第三节　研究思路

本书的研究思路及结构安排大体如下。首先，介绍研究问题背景，说明本书的研究意义，并对研究目的、内容及研究方法做简要说明。其次，综述国内外企业环保投资绩效评价指标体系，以进一步明确企业环保投资效率核心概念及需要关注的其他问题，为企业环保投资效率评价指标体系科学构建做必要文献支持；然后，说明企业环保投资效率相关的理论基础，即寻求企业环保投资效率评价指标体系研究的理论依据；接下来是问题的关键部分之一，即企业环保投资效率评价指标体系的内容与结构，问题的关键部分之二是企业环保投资效率评价指标体系的应用效果分析。最后，在本书研究结论的基础上，针对我国企业环保投资效率评价指标体系建设存在的问题及实证检验结果，提出计算、应用企业环保投资效率评价指标体系的政策建议。研究思路的框架见图1。

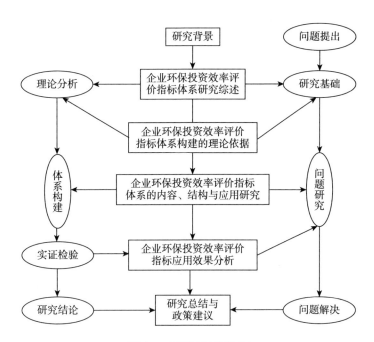

图 1　研究思路框架

| 第一章 |

企业环保投资效率评价指标体系研究综述

  构建一个适合我国社会经济发展以及资本市场要求的企业环保投资效率评价指标体系具有重要意义，但是，目前国内外使用企业环保投资效率概念的文献本来就很少，更谈不上其评价指标体系的建设了。目前存在较多关于企业环保投资绩效评价类（与之相近的概念还有生态效率等）指标体系理论研究和实践应用资料，这些企业环保投资绩效评价类指标体系对构建企业环保投资效率评价指标体系有积极借鉴作用，因为效率与绩效本身就具有紧密关系，效率评价涉及的指标大量采用绩效指标的信息。

  这里主要综述国外广泛应用的有关企业环保投资绩效评价相关信息的指南，如国际标准化组织（ISO）颁布的《环境管理——环境绩效评价指南》（ISO14031）（以下简称《评价指南》），世界可持续发展工商理事会（WBCSD）发布的《生态效率测量指南》（以下简称《测量指南》），全球报告倡议组织（GRI）公布的《可持续发展报告框架指南》（以下简称《框架指南》）和日本环境部组织（MOE）出台的《企业环境绩效指标指南》（以下简称《指标指南》）等。这些"指南"在评价环境绩效等方面被广泛运用，其中《框架指南》是目前国际上推行企业环境报告制度的最先进方式，不仅在环境方面，而且在社会和经济方面也能够协调统一，体现可持续发展的主导思想（翟帆，2010）。

国内关于企业环保投资绩效公开以企业发布报告书的形式主要有三种：环境报告书、可持续发展报告书和企业社会责任报告书（王军，2007）。国内企业发布的可持续发展报告书直接采用 GRI《框架指南》。我国环境保护部于 2011 年 6 月首次发布了《企业环境报告书编制导则》（以下简称《编制导则》），我国企业可以依此发布标准的企业环境报告书。我国非营利学术研究机构——中国社会科学院经济学部企业社会责任研究中心于 2009 年 11 月发布了《中国企业社会责任报告编制指南》1.0 版本（以下简称《编制指南》），《编制指南》历经多次升级，2017 年 11 月，该中心发布了《中国企业社会责任报告指南（CASS - CSR4.0)》，指南 4.0 在继承指南 1.0～3.0 的优秀成果的基础上，吸纳了最新的社会责任政策、标准、倡议和广大社会责任领域同仁的思想智慧，致力于推动社会责任报告的价值管理。

本章试图对上述国内外企业环保投资绩效披露与评价进行综述，并对这些研究展开适当分析。当然，在进行综述时也会适时关注国内外研究学者对企业环保投资绩效披露与评价的理论研究成果，尤其是我国学者在企业环保投资绩效评价指标体系构建方面产生了不少研究成果（如张红军，1995；陶跃华，1998；温素彬等，2005；张炳等，2008；曹洪军，2008；颉茂华，2009；Tao 和 Li，2011；唐欣，2010；房巧玲，2010；刘永祥等，2011；方丽娟等，2013；张素蓉等，2014；陶岚，2015；姚翠红，2015；常媛、熊雅婷，2016；苏利平、程爱红，2016；赵丽萍等，2016；汤健、邓文伟，2016；李冬伟、黄波，2018；等等），其中一些思想不乏借鉴意义。

需要注意的是，综述国内外不同企业环保投资绩效评价指标体系应基于准确的方法论。不同的企业环保投资绩效的评价方法所基于的方法论不同，如构建相关指数对企业环保投资绩效进行评价（Corbett 和 Pan，2002；Hoh 等，2002），其评价目标就相对具体、单一、明确，在评价方法中属单指标评价。而利用指标体系对企业环保投资绩效进行评价就比较抽象、复杂，其属于多指标评价。单项评价实质上就是单指标评价，而综合评价则表现为多指标评价，也称为"多指标综合评价"（苏为华，2000）。

国内外发布的企业环保投资绩效评价指标体系具有目标抽象、指标众多等评价特点，属于多指标综合评价范畴。所以，基于综合评价指标体系构建、评价方法及评价应用等一般物理过程，综述国内外关于企业环保投资绩效评价指标体系构建无疑有利于我国企业环保投资效率评价指标体系的建设。

本章后续安排如下：第一节描述了国内外组织、政府机构及学者关于企业环保绩效评价指标体系系统构造的研究成果；第二节说明了国内外组织、政府机构及学者关于企业环保绩效评价方法的相关结论；第三节介绍了国内外组织、政府机构及学者关于企业环保绩效评价指标体系在评价应用中的具体情况；第四节对前述三个小节研究内容展开评析，并给出构建我国企业环保投资效率评价指标体系的一些启示及思考。

第一节　关于企业环保投资效率评价指标体系内容研究

综合评价指标体系是从多个视角和层次反映特定评价客体数量规模与数量水平的一个信息系统。构造一个综合评价指标体系，就是要构造一个系统，而系统的构造一般包括指标构造和结构构造两方面（苏为华，2000）。本小节基于指标构造和结构构造对相关研究成果进行比较。

一 指标构造

指标构造即明确该评价指标体系是由哪些指标组成的，且各指标的概念、计算范围、计算方法、计量单位分别是什么，后面几项内容实际上就是统计指标设计问题（苏为华，2000）。它们显然是综合评价指标体系的基础（苏为华，2000）。至于统计指标设计问题，本书准备在后续评价方法及评价应用中涉及，这里主要谈评价指标体系应由哪些指标组成，即指标选择性质问题。

关于环境绩效评价指标选择，《评价指南》没有给出原则性的指导，但是在指标选择概览中强调所选择的指标要有相关性、可理解性；《指标指南》在指标选择过程中，把重要性和普适性作为划分核心指标和普通指标的分类标准，凡不同时具备重要性和普适性条件的统称为普通指标；《框架指南》分别从经济、环境和社会方面对指标进行了阐述，每个方面又分为核心指标和附加指标两大类，核心的指标通常是普遍可适用并被大多数组织认为十分重要的指标；《测量指南》则把指标选择建立在八项原则的基础上，指标共分为普遍适用指标和具体业务指标两大类。

可见，环境绩效评价指标体系构建中普遍把普适性作为指标选择的首要条件，当然重要性和相关性等也是指标选择的重要参考。

《编制指南》中指标分为核心指标和扩展指标两大类，但没有具体说明这两类指标区分标准，把其指标与《框架指南》对应指标进行比较，可以判断出其仍以重要性和普适性为区分标准；《编制导则》中环境绩效指标分为基本指标和选择指标两类，其中必须披露的指标为基本指标。但是，《编制导则》编制过程中通过层次分析及模糊综合评价等数学方法设计各指标的权重以判断其重要性，重要的指标设为基本指标（翟帆，2010）。另外，《编制导则》在实施建议方面提到"目前列示的内容仅是普遍采用的指标，鼓励企业多多披露与行业相关的指标"，由此可判断重要性和普适性是其基本指标和选择指标的区分标准。

我国研究学者在环境保护投资评价指标体系构建中大多采用了定性选取指标的原则，只不过根据研究目的和角度不同，对指标要满足的性质有不同要求，如房巧玲（2010）指出在构建环境保护支出绩效评价指标体系中指标要满足普适性；颉茂华（2009）在环境投资评价指标体系构建中强调相关性、重要性等；曹洪军（2008）的环保效果指标体系中要求指标要满足合规性等性质；Tao 和 Li（2011）则提出构建生态效率的指标要满足十个方面的性质要求。温素彬（2005）和唐欣（2010）则通过归纳、分析整理现有相关指标并结合企业调查实践的方法选择指标；刘永祥等（2011）则采用主成分分析法选择对应指标。根据过程分析，本书认为其把普适性作为指标的选取原则。

二 结构构造

结构构造即明确该评价指标体系中所有指标之间的相互关系、层次结构，理顺这种层次关系，对于提高评价效率与效果均有重要作用。从综合评价指标体系结构的类型看，大致有两类，一类称为"目标层次式的"，另一类称为"因素分解式的"（苏为华，2000）。虽然各"指南"构建目的是及时公开企业环境保护相关信息以保持经济、社会的可持续发展，但"指南"的构建框架却有不同，或者基于不同原理、方面展开，或者通过概念分解形式设计。

国际标准化组织（ISO）公布的《评价指南》通过"压力—状态—反应"模型〔经济合作与发展组织（OECD）开发的评价国家环境绩效的一种模型〕设计了三种类型的环境绩效评价指标：经营指标、管理指标和环境状况指标。其中，经营指标测量了环境的潜在压力，管理指标测量减轻环境影响的努力，环境状况指标测量环境质量，这三类指标相互关联，构成了《评价指南》的环境绩效评价指标框架。日本环境部（MOE）于2002年颁布了《指标指南》，该指南集中了世界资源研究院（WRI）与加拿大国家环境暨经济圆桌会议（NRTEE）的研究成果，指标框架包括运行指标、环境管理指标及经营指标三类。运行指标考量的是企业活动过程中伴随的环境负荷指标，具体指标基于产品生命周期原理设计。经营指标则是企业实施其经营活动或产业活动投入资源相关的指标。全球报告倡议组织（GRI）于2013年5月发布了《框架指南》第四版，该框架主要包括两个部分，其中部分2界定了可持续报告中的标准披露，业绩指标是这部分的核心，具体从经济、环境和社会方面对指标进行了阐述；世界可持续发展工商理事会（WBCSD）于1992年首先提出了生态效率的概念，并发布了以该概念为核心的《测量指南》，依据生态效率计算公式的分解形成了该指南的指标框架。

在我国，虽然对可持续发展、环境绩效等评价研究起步较晚，但学术研究组织、政府相关机构及研究学者也进行了类似评价指标体系构建工作。

2009年11月，中国社会科学院经济学部企业社会责任研究中心作为一种非营利学术研究组织，借鉴GRI的可持续发展报告指南披露标准，并结合我国社会责任现状，发布了我国第一本企业社会责任报告编写手册《编制指南》（截至 2017 年，该组织机构已发布四个版本），该指南整体框架同 GRI 的可持续发展报告相似，也是主要从经济、环境和社会业绩等社会可持续发展的核心方面展开；2011 年 6 月中国环境保护部发布了《编制导则》，并于2011 年 10 月 1 日实施。该导则指标框架分为三部分，分别是基础信息指标、环境绩效指标和社会业绩指标，其中环境绩效指标是框架的重点，又包括环境管理、环保目标、降低环境负荷的措施及绩效指标。《编制导则》编制中重点剖析了日本环境省发布的《环境报告书指南》和《欧盟可持续发展报告指南》的标准，而日本发布的《环境报告书指南》主要基于其环境省出台的《指标指南》和 GRI 颁布的《框架指南》，所以《编制导则》指标框架总体与《指标指南》相同（《编制导则》颁布背景是该编制导则也是中日政府间的合作项目），区别仅在于二者侧重点不同，我国的《编制导则》更加侧重于环境绩效指标的披露，并且社会业绩指标大多属于可选择项，而《指标指南》则是运行指标与环境管理指标并重（翟帆，2010）。

在我国学者构建环境绩效评价指标体系相关文献中，除采用生态效率评价外，无论是归纳分析现有指标还是根据企业实践构建指标体系，其基本思路或者是根据评价总目标进行细化分解（张红军，1995；温素彬，2005；颉茂华，2009；赵丽萍，2016；李冬伟，2018；等等），或者根据评价内容不同侧面展开分解（陶跃华，1998；曹洪军，2008；唐欣，2010；房巧玲，2010；常媛，2016；等等）。利用生态效率思想构建的环境保护效率评价指标体系则往往采用概念分解的形式确立指标体系系统结构（张炳等，2008；Tao 和 Li，2011；姚翠红，2015；汤健，2017；等等）。

第二节　关于企业环保投资效率评价
指标体系结构研究

所有的多指标综合评价指标体系结构建设都包含有"量化""加权""合成"三项基本要件（苏为华，2000），本部分将按照这三项基本要件逐一展开说明。

一　指标设计

综合评价方法中的"量化"问题核心就是统计指标的设计，综合评价学认为统计指标的设计包括指标的概念、计算范围、计算方法、计量单位等的确定（苏为华，2000）。当然需要注意的是，企业环保投资效率评价指标体系中指标设计还要结合后续同度量化过程等评价方法综合考虑。因为，一方面，基于不同目标和角度的评价，其指标设计不同会导致后续评价方法的不同；另一方面，不同评价方法的选择也会影响指标设计过程。

《评价指南》对环境绩效评价指标设计起到了很大推动作用，很多国际组织把其作为指标库选择自己所需指标（MOE，2002），如《框架指南》和《指标指南》中大多数指标直接来自《评价指南》附录。但是，关于《测量指南》中生态效率的指标设计，如何确定生态效率的分子分母受制于国际相关研究和发展，目前对该公式有不同的解释（Jyri Seppala etc.，2005），就它们如何结合还没有达成共识（MOE，2002）。

国外学者对生态效率指标设计做了一些针对性研究，如 Jyri Seppala 等（2005）基于芬兰 Kymenlaakso 地区尝试设计合适指标监测区域生态效率的变化研究，具体生态效率公式虽然采用 WBCSD 的观点，但经济指标采用国内生产总值、增加值、经济部门产出，环境影响指标采用生命周期评价原理，具体又分为四类：自然资源的消耗、压力指标、影响种类指标和总环境影响指标，这些指标随着涵盖行业的变化而有不同使用。G. Oggioni 等（2011）基于水泥行业采用了数据包络分析法对多国的区域生态效率做了评价，在描述生态效率公式时其经济指标采用 GDP，环境指标来自 Tyteca（1996）的研究文献。Sibylle Wursthorn 等（2011）认为衡量生态效率的目标具有广泛的不同，这种不同不仅体现在宏观、微观层面间，也体现在同一层面间，因此会产生广泛不同的生态效率指标。该文在回顾了宏观、微观层面生态效率研究发展后，提出了基于行业层面的生态效率方法：把环境影响强度作为衡量生态效率的工具，其计算公式是：环境影响÷经济绩效。关于环境影响计算分为两步，第一步是收集基于欧洲污染排放清单的行业环境信息数据，第二步采用基于生命周期影响评价方法的生态指标 99 评价，汇总行业环境信息数据为一个单一分值指标即生态指标点。关于经济绩效数据则采用营业额代替增加值。为进一步进行行业分析，污染排放清单分为包括酸雨、气候变化等几大影响分类。Frank Figge（2004）分析了生态效率评价可持续发展的不足：生态效率从定义描述上可以衡量可持续发展，但实践中不能反映社会影响变量。因此该文提出用可持续增加值（SVA）来衡量可持续发展，通过引入机会成本概念设计了 SVA 的计算公式，即绝对 SVA = VA – 额外环境、社会成本 + 相对 SVA。该文后续重点研究了相对 SVA 的计算，Frank Figge（2004）认为相对 SVA 的计算关键在于寻找确定机会成本的基准指标，该文采用的基准指标是国民经济的生态效率，即国内生产总值/本国所有企业的环境影响。而 Cardine Gauthier（2005）在谈到利用生态效率衡量社会可持续性发展时，认为目前的生态效率指标考虑社会影响较少，该文主张基于生命周期原理在使用生态效率衡量可持续发展时增加利益相关者的需求。

《编制指南》的指标设计在相当大程度上借鉴了《框架指南》的指标，《编制导则》的环境绩效指标设计则参考了《指标指南》中的设计，但是其中反映环境效率的指标（如单位工业增加值用水量等）则吸纳了《测量指南》的指标设计思想。

不同于国外研究学者把指标设计注意力集中在指标的计算公式上，我国研究学者指标设计的研究大多体现在指标无量纲化处理方面，如温素彬（2005）采用离差相对化的思想对指标进行无量纲化处理；唐欣（2010）、姚翠红（2015）、陶岚（2015）及苏利平（2016）等则用三角模糊数量化指标；曹洪军（2008）使用比重法对具体指标进行无量纲化处理；颉茂华（2009）、方丽娟（2013）及张素蓉（2014）等对定量指标采用与行业平均水平对比进行相对化处理实现指标的无量纲化；而颉茂华（2009）对定性指标直接采用专家评分法做定性指标定量化处理；张炳等（2008）采用数据包络分析的方法评价了中国的区域生态效率，其数据包络分析模型基于投入型设计；Tao 和 Li（2011）也采用了 DEA 方法进行生态效率评价，指标量化思想与张炳（2008）相同，区别在于生态效率公式中分子分母的选择及数据包络分析模型略有不同。由于 DEA 方法的特殊性，因此指标数据无需无量纲化即可以参与评价，这也是 DEA 方法发挥指标量纲不同仍可以评价的优点，但正如前文所述，DEA 方法也有其明显局限以至于其综合评价范围非常有限。

二　权数构造

国外各"指南"中除《测量指南》外，采用的评价方法关于权数构造的研究很少。而《测量指南》由于环境影响指标的单位不统一，生态效率公式没有取得共识。但是，也有学者对生态效率评价权重设计进行设想，如 Moriah J. Bellenger 等（2010）认为在生态领域和经济领域中研究环境绩效评价都会遇到如何最优化多指标矩阵中单个指标权重赋值问题，而已有研究把权重作为外生处理，所以武断地或者通过专家对每一个指标相对重要性的判断确定，或者直接平均指标权重。他们提出了环境绩效评价指标的权重改进方法，即采用输出距离函数确定每个指标对环境绩效的边际生产率，再利用边际生产率来确定各指标权重，他们认为这样处理"保证了指标权重的客观性，也能区分各指标对环境绩效的重要程度，同时克服了把权重理解为外生或均匀指标权重的一些不足"。

《编制指南》指出在采用报告评级形式对企业社会责任报告书进行评价时，应从实质性、完整性、易读性、平衡性、可比性和创新性六个方面对企业提供的企业社会责任报告书进行评价并进行百分制打分，最后进行综合合成计算总得分，因此必然涉及这六个方面的权重问题。中国企业社会责任报告评级专家委员会根据指标关键性及中国企业社会责任报告发展的阶段性采用专家德尔菲法确定权重，最后得出完整性指标权重为 0.25，实质性指标权重为 0.3，平衡性指标权重为 0.1，可比性指标权重为 0.1，易读性指标权重为 0.2，创新性指标权重为 0.05；《编制导则》没有通过权重构造进行综合合成计算得分，而是把指标的权重计算作为区分基本指标和选择指标的依据，指标权重大的确定为基本指标，企业必须披露；权重小的作为选择指标，企业可自行确定披露与否。其各指标权重具体确定分别采用综合评价学中的层次分析法（AHP）和模糊综合评价法。其过程是，首先采用层次分析法对企业环境报告书的企业业绩指标进行等级分类，并得出各指标的权重；其次为了弥补层次分析法确定的某些指标权重相同的局限，运用模糊综合评价法进一步区分在层次分析中权重相同指标的区别，得出了"降低环境负荷的措施及业绩"中各个指标的重要程度（翟帆，2010）。

相比较国外对综合评价体系权数研究，我国学者在环境投资评价指标体系构建中运用了多种综合评价学中的权重构造方法，如使用层次分析法构造指标权重（如陶跃华，1998；温素彬，2005；颉茂华，2009；方丽娟，2013；陶岚，2015；姚翠红，2015；李冬伟，2018；等等），唐欣（2010）采用模糊 Delphi 法并结合企业调查的方法确定三角模糊数的权重，方丽娟（2013）在确定一级指标权重时也采用了该方法；曹洪军（2008）则采用熵值法确定各指标的权重；张爱美（2014）结合层次分析法及熵权法的优点并通过评价偏好系数复合计算了体系指标的权重。

三 合成模型

据笔者掌握的资料，国外各"指南"没有发布相关评价标准，它们或运用指标对比评级法（如《框架指南》采用应用等级），或由于客观原因无法运用合成模型（如《测量指南》中环境影响指标赋权难以取得）。

国外研究学者在利用生态效率公式评价环境绩效时较多采用综合评价学中的 DEA 分析法，但是该方法在做评价时有明显的局限：方法只能用于相同的经济环境下用相同或相似的技术且有相同的产出的特殊背景下，所以其使用范围比较有限（G. Oggioni et al.，2011）。苏为华（2000）认为 DEA 法在多指标综合评价中的应用具有重要的前提——系统应该有"投入"与"产出"指标，正确判别投入指标与产出指标是非常重要的，它直接影响 DEA 综合评价的结论。事实上，研究学者在具体评价时，污染物指标的处理确实有不同做法，如把污染物排放作为输入指标研究（Liu and Sharp，1999），把污染物排放作为输出指标处理（Seiford and Zhu，2002；Mandal and Madheswaran，2010）。G. Oggioni（2011）利用水泥行业尝试把如二氧化碳污染物评价分别作为输入、输出指标进行跨国生态效率比较研究，结果发现得出的生态效率排序确实不同。还有，利用 DEA 方法对有输入输出的系统进行综合评价时，必须注意指标体系的精练、低相关，避免输出与输入指标之间的完全相关，避免输入输出指标内部高度相关（苏为华，2000）。我国研究学者也有利用 DEA 方法评价生态效率（张炳等，2008；Zhang tao，2010；Tao 和 Li，2011；等等），上述问题在我国研究中也必然存在。

而 Jyri Seppala 等（2005）采用了一种独特的方法，他们认为寻找一个代表性指标来评估环境影响是不可能的，因为环境维度包括几种没有可比性的影响方面，如果用价值进行合并会导致主观性，另外，并不是所有的环境方面的指标都可以被量化。因此，他们采用列示图的方法对区域生态效率进行评价，该方法首先把每年所选的经济指标和压力指标在同一图示中以相对规模列示，其次每年的指标数据被参考年的对应数据代替，最后的结果再乘以一个固定的数值进行评价。

《编制指南》在以报告评级形式评价企业社会责任报告书中使用的合成模型非常简单，即根据实质性、完整性、易读性、平衡性、可比性和创新性等六个方面进行百分制打分后，结合既定的权重采用效用函数评价法中的算术平均法计算综合得分；《编制导则》实践中采用直接打星评价或效仿《编制指南》的做法评价，本身没有采用具体合成模型。

综合评价学认为，综合评价指标体系评价方法可以综合使用，比如指标量化可以使用模糊评价的原理，权数构造可以使用层次分析法确定，而最终合成模型可以使用效用函数法。各评价方法的综合使用不仅体现了评价方法的灵活性，而且使得评价指标体系符合应用实践（苏为华，2000）。我国研究学者在对构建的指标体系最终合成时采用的方法深刻体现了该思想。温素彬（2005）在其构造的企业三种绩效评价指标体系中，其中静态指标子系统采用加权几何平均法合成，总系统采用简单几何平均法合成，而综合评价中又采用幂平均法计算综合绩效；唐欣（2010）则通过模糊多准则决策方法中的乘与和合成算子计算模糊合成值；曹洪军（2008）的最终合成模型非常简单，就是使用效用函数法的算术加权平均法；颉茂华（2009）考虑到环境投资评价指标体系属于多目标决策，所以其最终采用模糊合成方法中的乘与和合成算子计算模糊合成值；陶跃华（1998）则使用层次分析法做最后的合成；韩强（2009）采用了多元统计分析法中的聚类分析进行合成处理。

第三节　关于企业环保投资效率评价指标体系应用研究

综合评价指标体系应用中应明确的内容至少包括评价标准、评价范围和评价周期等。

一　评价标准

本书发现国外构建的各指南关于环境绩效信息评价标准体现出显著不同特点：《评价指南》构建的指标框架主要目的是对企业

内环境绩效评估的设计和使用予以指导，该框架本身没有给出具体指标，具体指标以指标库形式在附录中提及，也没有提到评价标准问题。《指标指南》分别从运行方面、环境管理方面和经营方面给出了具体指标，但没有考虑指标的权重安排，在笔者所掌握的资料中也没有发现具体评价标准公布。《框架指南》通过企业自行宣布其应用等级作为企业可持续发展报告评价标准，但应用等级需要经过 GRI 审核后才能正式确认。应用等级共分三等，分别是 A、B、C 级，应用等级反映了可持续发展报告的透明程度，这种等级制度评价最终结果很像综合统计学中的模糊综合评价中的价值分类评价，但《框架指南》评价等级的过程没有像模糊综合评价中一样先计算模糊合成值再进行分类评价，而是通过指标比较方式。具体评价过程是，企业通过内容索引表列出报告中所披露的可持续发展报告指南中的所有条目，GRI 以内容索引表为主要基础来判断报告机构是否达到此应用等级的披露要求。为了达到这个目的，GRI 将核对报告中的内容，以确认标准披露在数量上是否达到要求（定量信息）、标准披露在质量上是否达到要求（定性信息）。《测量指南》给出了生态效率计算公式，即生态效率表示为产品或服务的价值/对环境的影响。但是，不同环境影响指标合成之前需要赋以相应权重，而有关赋权方法尚未达成共识（MOE，2002），这使得生态效率测量指南评价标准目前难以出现，但根据生态效率公式，显然生态效率值可以作为企业间环境绩效评价标准。

2010 年 3 月《编制指南》的评价标准正式公布，评价标准以《编制指南》为依据，借鉴国内外企业社会责任报告评价原则与方式，结合我国企业社会责任工作的现状，形成了具有中国特色的企业社会责任报告评价标准。具体评价方式分为四种：专家点评、利益相关方评价、报告评级和报告审验。其中报告评级由"中国企业社会责任报告评级专家委员会"出具评级报告，评价标准最终采取星级制，共分为七个级别和相应发展水平，各星级对应于特定分数区间。具体评价过程是，首先从实质性、完整性、易读性、平衡性、可比性和创新性六个方面对报告主体提供的企业社会责任报告书进行评价，这六个方面分别通过相应评语等级按百分制打分，并根据既定权重合成为企业社会责任报告总得分，然后再根据所得总分数转换成对应星级级别进行最终评价。这种评价标准像极了效用函数评价和模糊综合价值分类评价，属于多种综合评价方法的混合应用；不同于《编制指南》，《编制导则》没有明确发布其评价标准，但是在相关的研究论文及《企业环境报告书标准导则》编制说明中，笔者发现通过对企业环境报告书中各主要技术指标在数据收集完整性、表达方式规范程度及指标计算说明等方面的直接对比来进行评价，每个主要技术指标要求有所不同。满足《编制导则》对该技术指标描述所有要求、做得最好的直接给三星，无相关描述、做得最差的没有星级。笔者还看到实践中也有利用《编制指南》的评价标准从实质性、完整性、易读性、平衡性、可比性和创新性等方面给企业环境报告书打分进行评价。

不同于外国学术组织的做法，我国研究学者在构建环境投资效率评价指标体系中最后的评价绝大多数采用价值排序方法，如温素彬（2005）、方丽娟（2013）、张素蓉（2014）、姚翠红（2015）及陶岚（2015）等最终计算出综合绩效得分进行排序评价；曹洪军（2008）采用效用函数法中的算术加权平均法合成，必然得出效用值，进而进行排序评价；陶跃华（1998）虽然构建的环境评价指标体系一直贯穿层次分析法的运用，但层次分析法本身可视为效用函数法的简化（苏为华，2000），因此其最终评价仍然基于价值排序。即使最终合成值属于分类评价，研究学者也试图对此进行二次转换形成排序评价，如颉茂华（2009）、苏利平（2016）等通过乘与和合成算子计算出模糊综合评价值后，又对相应评语等级赋值并进行归一化处理，最终实现得分排序评价；唐欣（2010）通过模糊合成最后仍然形成三角模糊形式的模糊评价值，此时已完全可以做出模糊分类评价，但作者又采用了 Chang Jing-rong 双系数法和重心法进行非模糊化排序处理。由于 DEA 方法本身只能研究相对有效，无法真正实现排序评价，所以 Tao 和 Li（2011）以及张炳等（2008）并没有进行排序评价。只有韩强（2009）利用多元统计方法中的聚类分析法对我国工业领域环境保护投资效率做实证评价时采用了分类评价，而分类评价正是聚类分析的"强项"。苏为华（2000）、张爱美（2014）则采用了 TOPSIS（通过计算实际解距离与理想解距离的远近排序）的方法对企业环境绩效进行评价。

二 评价范围

各"指南"在明确报告范围界限时呈现出不一致：《测量指南》虽然强调上下游有重要影响，但更关注企业直接控制领域；《指标指南》强调按合并会计范围搜集数据，企业所能直接控制的实体和能施加重要影响的实体都应该考虑在内，无论上下游或者海内外；《框架指南》观点同日本环境部相类似，但范围更广，报告范围除了涵盖日本环境部描述的实体外，如果对方实体能对自身企业施加重要影响也要纳入报告范围，即施加重要影响具有双向性；《评价指南》没有提到报告范围，从语言上判断企业需报告的内容还包括生物多样性等社会上一些和企业有关联的信息，并且报告范围主要取决于管理层的意愿。

我国的《编制指南》在描述报告界限时界定为公司及下属机构，根据下属机构定义及企业对下属机构概念的应用实践，《编制指南》中的下属机构是指报告公司的分公司及子公司，即报告界限为公司所能控制的实体，不包括能施加重要影响的实体；而《编制导则》在编制说明中提到，对于由多个分支机构组成的企业，应明确企业环境报告书内容是否涵盖各分支机构的信息。这句话提示了本书其报告界限更具灵活性，报告范围大则可以涵盖分公司，小则可以仅指不包括分公司的公司总部本身，但其界限小于《编制指南》所描述的报告界限。

三 评价周期

关于环境绩效评价指标体系评价周期问题，各"指南"表现不一：《框架指南》和《评价指南》主张定期发布，并且《框架指南》还列述了固定发布环境绩效评价报告的好处，比如能够向利益相关者提供更多及时的信息访问，报告的信息能明确涵盖某个特定时间段，但同时也担心发布周期的固定会影响信息可比性。而《测量指南》和《指标指南》没有提到报告发布周期问题。

我国的《编制指南》指出企业社会责任报告发布周期为年度报告，并在范例模本中写到"报告时间范围是××年×月×日至×月×日"，从范例中无法看出其周期是否为一个完整年度，但也明确看到周期不能跨越一个年度。实践中笔者还发现不少企业发布社会责任报告书在时间上只列示某个年度，而没有标示具体时间范围；《编制导则》则明确发布周期原则上为一个财政年度，我国的财政年度采用历年制，即自公历1月1日起至12月31日止。所以可以判定《编制导则》采用固定周期发布企业环境报告书。

第四节 启示及思考

一 启示

上述研究综述说明构建适合我国社会经济发展以及资本市场要求的企业环保投资效率评价指标体系需要研究的东西有很多，基于研究需要，笔者认为在下述方面至少应该有明确的、合适的方向性认识。

（一）指标体系内容

关于指标构造。邱东（1991）在综合评价指标体系中关于指标选择的研究比较全面，他将评价指标体系的选取方法分为"定性和定量两大类"。对于定量选取评价指标，在理论界也有一些研究成果，但目前各类多指标综合评价实践中基本上是采用这种定性方法进行指标选取的（苏为华，2000）。苏为华（2000）提到了王铮采用综合回归法建立评估指标体系，并且认为其是比较完整的定性与定量相结合的指标体系构造过程，可以推广到一般综合评价问题中。参考既有研究成果依据定性原则选取指标的特点，笔者认为企业环保投资效率评价指标体系中指标选择应以定性原则选取指标为主，辅助以定量选取，因为定性选取指标保证了所选的指标满足基本指标性质要求，而定量选取可以对所选指标进一步合并、优化，精简指标体系。

关于系统结构构造。应该明确企业环保投资效率评价指标体系系统结构是基于"目标分层式"还是基于"因素分解式"，笔者认为应通过分析借鉴既有相关研究成果，同时还要结合自身的考虑才能确定合适的指标体系结构。既有研究成果中大多采用"目标分层式"构造指标体系框架,只有《测量指南》基于"因素分解式"建立指标体系框架。另外,还可以从以下两点考虑确定合适的企业环保投资效率评价指标体系结构。一是企业环保投资效率评价指标体系构建应服从于评价目的。综合评价可以分为如下几个阶段:确定评价目的、建立评价指标体系、选择评价方法与模型、综合评价实施等(苏为华,2000)。可见,指标体系构建之前需明确评价目的,这样才能做到有的放矢。笔者希望构建的企业环保投资效率评价指标体系用于企业环保投资效率评价,使其成为投资者衡量企业经营者环保管理能力、资本市场衡量企业环保效率能力的有效工具,企业环保投资效率是关注的核心,国内外发布的企业环保投资绩效评价指标体系中涉及的诸如经济绩效、环境绩效、社会绩效等是关注的重点,但不是全部,完全基于企业环保投资绩效构建的指标体系结构不一定符合本研究要求。二是企业环保投资效率评价指标体系框架搭建不应该拘泥于特别的某种方式。比如,企业环保投资效率是指企业环保投资所产生的相对效果,即企业进行环保投资投入与产出的比较。所以,企业环保投资效率评价指标体系的核心应是企业环保投入指标与企业环保投资产出指标的比值,依此展开的框架属于"因素分解式";而企业环保投资的产出指标就是企业环保投资总效益,是包括因环保投资而产生的经济效益、环境效益和社会效益等在内的一种综合效益,因此对企业环保投资总效益指标的分解又属于"目标层次式"的结构。同样,企业环保投入指标也需要根据不同方面按"目标层次式"展开设计。这样企业环保投资效率评价指标体系初次展开是基于"因素分解式",而子目标的展开又基于"目标层次式"。结合"目标层次式"和"因素分解式"的优点,形成"混合式"的体系框架更符合本书构建企业环保投资效率评价指标体系框架的实际。

（二）指标体系结构

关于指标设计，正如《测量指南》遇到的困境一样，将要构建的企业环保投资效率评价指标体系也会遇到指标单位不同及指标属性不同等问题，比如在描述环境效益指标时如果使用合规指标，其指标取值可能会出现二值现象（取 0 或 1），再比如在描述社会效益时可能会遇到利用满意度等定性指标的量化问题。所以要解决至少包括指标量化和无量纲处理两个问题。可以借鉴、效仿既有研究中关于这些问题的做法，但是一定要注意合乎研究需要及各综合评价方法的适用条件。

关于权数构造，这部分我国的研究学者成果丰富，综合评价学中各种权数构造悉数呈现，如层次分析法、德尔菲法、熵值法、灰色关联度等，这些方法各有优缺点及应用环境。如层次分析法对于定性变量是可以通过一定的标度理论来构造判断矩阵，并导出有关的比较结果，但对于定量变量，层次分析法的判断矩阵构造就需要仔细研究，层次分析法理论上没有很好解决这一问题（苏为华，2000）；灰色关联度比较适合样本较少的情况（曹洪军，2008）等。总之，应该对这些权数构造方法有恰当的把握。

关于合成模型，国外学者对生态效率评价大多采用数据包络分析方法，也有学者构造了类似指数的方法进行评价。效用函数法、模糊合成综合评价法及多元统计法中的聚类分析等在我国企业环保投资绩效评价指标体系中也有应用。但是合成模型选择应结合评价效果来确定是用于分类评价还是排序评价，有些方法比较适合分类评价，如多元统计分析中的聚类分析。另外，合成模型有时会依赖指标量化形式和权数构造选择的方法，因为有些方法应整体运用，权数构造和合成模型在一个过程中完成，如人工神经网络系统法等。本书构建的企业环保投资效率评价指标体系最终应该体现出效率大小，并且我国学者相关研究大多采用排序评价方法，这表示最好采用直接可以合成为量化值的合成模型，如效用函数法、模糊综合排序评价法等。并且苏为华（2000）也提到"若只为排序而进行评价，则采用单个评语等级或效用函数法是最合适的"。

（三）指标体系的特点

1. 把握相关研究成果的研究角度、研究目的、研究贡献与不足

全球报告倡议组织（GRI）认为提供众所信赖的、有某种全球共享的概念框架，一致的语言以及衡量标准的可持续性报告框架，可满足经济可持续发展需要。站在保证透明度角度，在可持续性报告框架构建过程中，全球报告倡议组织与来自所有利益相关者团体的大批专家合作进行共同的探究咨询，这些咨询的成果最终形成了《框架指南》。全球报告倡议组织希望构建的《框架指南》能起到下列作用：按照相关法规和标准规定，对企业是否实现可持续发展进行评价。同时，判断企业是否采取有利于可持续发展的战略规划和目标，在生产经营过程中企业是否遵照这些可持续发展规划和目标运转；希望可以纵向比较企业在不同时间段内实现可持续发展的具体效果，还可以横向比较不同企业之间可持续发展实施状况。其贡献主要在于：主张对作报告的企业的可持续发展表现提供不偏不倚的和合理的说明，包括积极方面和消极方面的影响，强调了企业可持续发展信息的完整性；在报告结束时，报告撰写者应宣布它们通过"全球报告倡议组织应用等级"体系所应用的报告框架等级，宣布应用等级，也就等于明确告知了在报告撰写中所应用的要素，既保证了企业可持续发展报告的权威，又保证了不同企业的可比性。不足之处在于，报告可以采取多种

形式，包括网上公布或打印、单独公布或是与年报或财务报告结合公布，报告的格式统一会受到影响，同时信息公布的分散可能会给外部利益相关者搜集企业可持续发展信息带来一定难度。

世界可持续发展工商理事会（WBCSD）于 1992 年首先引进了生态效率的概念并被广泛采用，但是，在应用中不同的企业以不同的方式解释和衡量它。于是，世界可持续发展工商理事会试图建立生态效率测量指南，一个能够被各行业使用的用来评估和报告企业生态效率的指南，使企业衡量他们的业绩和利益相关者评估他们所取得的进展变得更容易。世界可持续发展工商理事会站在商业推广角度，希望生态效率测量指南保持灵活以避免僵化的报告格式，提高指标的接受性和实用性。世界可持续发展工商理事会相信《测量指南》将有助于建立环境和经济业绩之间的联系，并最终实现提升企业业绩和用透明的、可核查的指标来考核业绩的目的。《测量指南》的贡献在于，生态效率指标框架中普遍适用指标经过了大范围的严格测试，证明了其强大的适用性；明确了生态效率的计算公式，使得企业有了较强的评价标准，有利于企业改善环境绩效。其也存在缺陷：完全采用能够测量的定量指标而不包含一些重要的定性指标，可能影响企业的环境绩效信息的完整性。

许多企业希望了解、展示并改善其环境绩效，以便有效地管理其可以显著影响环境的活动、产品和服务的元素。在这种情况下，国际标准化组织（ISO）准备站在企业经营角度提供一种可靠的、可核查的、及时的管理信息的内部管理流程和工具，于是出现了《评价指南》。《评价指南》预计可以帮助企业确定重要环境因素、确认环境表现的趋势、提高企业的效率和效益等，企业管理人员也可以利用《评价指南》向其他利益方报告以及交流此信息。但《评价指南》最终不是作为认证或者注册的一种规范标准，也不是为了建立与其他任何环境管理系统相一致的判定标准，该国际标准只是给企业内环境绩效评估的设计和使用予以指导。《评价指南》的贡献在于，利用国际标准化组织的优势，对涉及环境绩效评价等各相关概念做了严密且详细的解释，保证了其权威性；利用一个图示从逻辑上说明了管理业绩指标决定经营业绩指标这种单向关系，增强了管理业绩指标的作用；提出了把环境业绩指标和环境条件指标综合起来的一个指标设计思路，这个思路与世界可持续发展工商理事会不谋而合，支持了对生态效率指标设计的理论和实践研究。缺点表现在，该国际标准没有建立环境表现水平，只是提供了应用指导，企业依据此标准建立环境绩效指标的可操作性会降低。

日本环境部（MOE）组织的环境业绩指标指南初衷是使每个企业都能改善环境活动并为可持续社会的建立作出贡献。他们认为，为了促进积极和自愿的环境努力，有必要准确地测量和评价企业在经营活动中对环境和环境绩效的影响和负担，测量和评价企业环境绩效就必须要求有环境绩效指标。另外，虽然外部利益相关者有很多方法来评价企业的环保努力，但现在依然没有一个标准方法，而且用于企业环境绩效评价的信息定义、计算方法、信息收集范围、单位等都没有标准化。所有这些促使日本环境部形成了《指标指南》。日本环境部希望《指标指南》能为参与环境保护的企业提供有助于评价和决策的信息，为企业和外部利益相关者提供共同的信息基础，有助于利益相关者正确理解企业的活动和环境努力；同时提供有助于国家和地方政府环境政策一体化的共同的信息基础，最终促使日本成为具有可持续社会特征的国家。《指标指南》集成了相关研究之大成，其突出贡献在于，在介绍各类别具体指标时给出每个指标的理由、定义和重要性，并指出企业在计算指标值时应注意的地方，极大增强了指南的指导价值及应用性；指出了未来有待解决的指标衡量问题，具有一定的前瞻性；指出了即使企业的生态效率提高了，社会的环境负担仍可能会增加，因此环境绩效指标评价企业的环境绩效，既包括环境负担总量评价，又包括生态效率评价，这种解释完善了环境绩效评价含义。

2. 遵守相关研究成果形成的"共识"

关于西方国际组织和发达国家发布的各种"指南"，其中所体现的共性反映了指标体系构建中一些普遍的经验，这些经验可以让本研究少走很多弯路，并且也有利于体现一些共同遵守的原则。以下的共性值得本书关注：（1）西方国际组织和发达国家机构在构建"指南"时，非常注重同企业的合作，注重来自企业应用和管理层所反映和关心的问题；（2）指标构建中非常重视外部利益相关者利益，比如全球报告倡议组织从指标建设到信息报告对象及决策服务都提到了外部利益相关者的重要性，世界可持续发展工商理事会更是同外部利益相关者共同设计指标框架，国际标准化组织和日本环境部也多次说明了指标建设必须考虑外部利益相关者的利益；（3）在指标建设中，强调指标要定量和定性结合，认为只有定量和定性指标相结合才能完整描述企业环境绩效信息；（4）强调指标质量的重要，认为评价指标和数据要具有可比性、可核查性，同时还要具有可理解性、明晰性、透明性、完整性、准确性等。

3. 寻找可汲取的其他思想

如日本环境省出台的"指南"提出了环境绩效指标建设未来面临的问题，比如如何制定衡量定性信息的指标，怎么用 LCA 方法制定指标，制定衡量生态效率的指标和相关流量，存量的指标如何衡量等前瞻性的问题。这些思想恰如研究中的灵感般珍贵，它们可以使企业环保投资效率评价指标体系构建更加完善，需要本研究深刻体会、效仿。

二　思考

综述、比较上述各评价指标体系给构建企业环保投资效率评价指标体系带来有益的可供借鉴的结论，如各评价指标体系构建所具有的共性一定程度上反映了"国际趋势"，遵循这些共性并吸收其精髓，便于我们的体系与世界接轨；探讨各评价指标体系的构建成因，有利于寻找企业环保投资效率评价指标体系的构建角度、模式；分析各评价指标体系的构建差异，可明确企业环保投资效率评价指标体系的定位及特色；了解各评价指标体系的成效，有利于形成企业环保投资效率评价指标体系的效果预期等。

综述、比较各评价指标体系便于了解构建科学的企业环保投资效率评价指标体系必需的条件，如指标体系要有科学的层次结构，这种层次结构既可以是深入分解核心概念各方面组成部分形成的"目标分解式"框架结构，也可以是对核心概念的计算进行分解形成"因素分解式"框架结构。总之，科学的指标体系层次要具备良好的合成能力；指标体系中的指标选择要满足必要性、完整性、独立性。也就是所选择的指标是为了满足评价目标所必需的，所有的指标全面表达了核心概念的主要方面及完成了主要评价目标的评价，同一层次的每个指标表达了概念或目标的某一部分，指标间具有不可替代性。当然，科学的指标体系中的指标在运用中还要注意指标的可理解性、可操作性、可比性、一致性等指标性质要求；科学的评价指标体系还需要建立科学的评价标准，有了评价标准才能形成完整闭循环，这样的指标体系也才真正具备实践应用能力，才能真正促进评价目标的实现。当然，科学的评价指标体系还要界定评价主体、评价范围、评价周期、评价方法等评价实践中面临的问题。

对国内外已有环境绩效评价指标体系进行综述、比较，有助于明确企业环保投资效率评价指标体系构建的核心问题，如企业环保投资效率概念核心是什么，评价指标体系要实现的评价目标是什么；企业环保投资效率评价指标体系如何构建，包括指标体系层次结构如何安排，指标如何选择，指标间的关系如何安排；企业环保投资效率评价指标体系的评价标准如何确定；等等。

另外，企业环保投资效率评价指标体系构建还需要关注一般综合评价指标体系需解决的一些重要问题，这些重要问题解决不好，同样影响评价指标体系的科学性及实践性，需要认真对待。这些重要问题包括：评价指标体系的评价方法确定问题，该问题包括指标量化、权重构造、合成模型等细节的解决；评价指标体系在应用中出现的问题，包括评价主客体确定、评价范围、评价周期等。

总的来说，通过对国内外企业环保投资绩效评价指标体系既有研究成果的综述、分析，有利于企业环保投资效率评价指标体系构建过程中吸取研究精华，明确企业环保投资效率评价指标体系的构建成因，充分预期企业环保投资效率评价指标体系的特点及成效，形成企业环保投资效率评价指标体系评价问题核心明确、体系构建科学，以及其他需要关注的各种重大问题的有益思考，为构建合理、规范、有效的企业环保投资效率评价指标体系做出必要文献支持。

| 第二章 |

企业环保投资效率评价指标体系
构建的理论依据

早在《中共中央关于制定国民经济和社会发展第十一个五年规划的建议》中就曾明确指出：要把节约资源作为基本国策，发展循环经济，保护生态环境，加快建设资源节约型、环境友好型社会，促进经济发展与人口、资源、环境相协调，尤其将建设"资源节约型环境友好型社会"确定为我国国民经济和社会发展中长期规划的重要内容和战略目标。企业既是社会活动的主体，也是资源环境的主要消耗者和环境破坏的主要制造者，因而，企业应义不容辞地承担起环境保护与环境治理的责任。

然而，企业如何切实履行环境保护与环境治理的责任，如何中肯评价企业环境保护与环境治理效果，这些问题的解决既是研究企业环保投资的前提，也是政府明确其环境管制政策有效性和完善环保法律法规的必要条件。

企业环保投资效率低下是当前企业环境治理非常严重的问题，提高企业环保投资效率首先需要具备评价企业环保投资效率工具，利用综合评价指标体系对企业环保投资效率展开评价，具有可评价复杂问题、评价内容全面、评价目标多重等方面的优势。但是，企业环保投资效率评价指标体系构建是一个复杂的工程，除要解决众多指标的结构安排、内容设计问题，还需要对企业环保投资效率的一些基本知识重新梳理，如什么是企业环保投资，企业环保投资效率又指的是什么，企业环保投资效率评价指标体系的目标是什么等。因此，对企业环保投资效率基本知识的梳理及其评价指标体系的内容与结构等方面的研究，需要大量的基础理论加以支撑。

本章依据下列基础理论试图明确企业环保投资效率内涵，分析企业环保投资效率评价指标体系的内容与结构，从而为后文探究企业环保投资效率评价指标体系构建、检验及应用奠定理论基础。

第一节　投资理论

一　投资理论对投资概念的界定

关于投资概念，国内外学者至今没有形成统一的认识，我国在 20 世纪八九十年代对此甚至有过激烈争论，这些争论主要表现在对投资的主体、内容、目的、对象等的不同理解方面。如今投资活动更加广泛且多样化，国内外学者在研究投资时，更是仁者见仁，智者见智。据统计，现有的投资定义多达几十个，这在经济学研究中极其少见（刘昌黎，2008）。抛开不同研究目的，笔者认为我国对投资概念有经典描述的学者有李昌清、邵以智。李昌清（1995）主要从投资主体、目的、周转性、增值性等四个方面分析了投资内涵所具有的规律性，他认为这些规律性使投资在本质上区别于其他经济活动性质。我国投资学者邵以智（1991）则从历史范畴、经济过程、投资外延、营利性和生产建设性等四个方面明确了投资概念，他给出了投资的相应定义，认为投资是经济主体为获得未来收益，支付一定量的货币或实物，从而经营某项事业的一种行为。邵以智关于投资的定义到现在仍然科学地反映了投资的一般性。更简单地理解投资概念，正如林梅（2004）所言，投资是指任何引起经济主体财富增加的投入产出活动。

目前，关于企业投资的外延研究，主要是直接投资的决策问题（技术经济理论及其发展）和间接投资的决策问题（金融投资理论和投资工具的发展）。

二 投资理论与企业环保投资效率评价指标体系构建

西方发达国家坚持企业环境污染支出"费用观"，在我国环保支出"投资观"则占据主流。企业环保投资是不是真正意义上的投资？只有深刻认识投资的内涵与外延，才能坚持正确的企业环保投资理念。根据投资理论，如果企业环保投资符合投资内涵所具有的规律性，那么其就是一种投资，否则就是费用。

企业环保投资具有明确的投资主体，企业对企业环保投资拥有显著的所有权，这些资金来自企业再生产的积累，是企业为解决环境污染而支付的资金；企业环保投资可带来明显的产出，企业环保投资的"外部性"使其不同于企业一般项目投资，企业环保投资产出大部分表现为企业周边水、空气、土壤等环境质量的改善，或者表现为客户对其环保产品满意度的上升、追求"绿色投资"的股东增加、企业周边社区居民的好评、政府给予的环境荣誉等社会评价，企业环保投资也可以带来能源节省、废物综合利用等产生的经济利益的增加，也就是企业环保投资带来了包括经济财富等在内的综合产出；国内外环境污染治理企业先进单位实践证明，坚持企业环保投资能给企业带来显著的短期和长期经济利益，带来财富的持续增加，即企业环保投资可以实现产出大于投入。因此，企业环保投资具有投资内涵特有的规律性，一言以蔽之，企业环保投资属于投资范畴，是企业为获得预期综合效益而投向企业环境保护事业的各种资金总和。

投资理论关于投资的一般研究评价结论也可用于企业环保投资，如投资是一种活动，投资需要追求良好的投资效益和较高的投资效率等。企业的天然逐利性和投资的"产出大于投入"思想必然要求企业衡量企业环保投资的收益与投入问题，也就是必然要求企业衡量企业环保投资的效率问题。可以说，投资理论为要求企业关注企业环保投资效率提供了理论支持。

第二节　效率理论

一　效率理论对效率概念的界定

理论研究中效率的含义非常广泛，不同的学科对效率有不同的定义：效率的物理学含义是指有用功率对驱动功率之比值；效率的经济学含义是指社会能从其稀缺资源中得到最多东西的特性；效率的管理学含义是指在特定时间内，组织的各种投入与产出之间的比例关系。

经济学的效率理论成果最为丰富，亚当·斯密开创了古典经济学理论，他提出经济学就是研究经济效率问题，精髓就是分工效率理论和竞争效率理论。随后，新古典经济学继承了亚当·斯密竞争效率思想，并进行形式化、精确化的加工创造，目前主流经济学的效率理论是"帕累托效率"（车圣保，2010）。但是，众多经济学家对主流效率理论进行了批判，如认为帕累托效率概念狭隘，它只反映配置领域的效率，而配置只是人类经济行为中的一部分，这种狭隘性还表现在忽视企业内部效率的研究；将完全竞争市场结构作为配置效率最优的充分必要条件，忽视垄断结构体现的生产效率；帕累托效率是一个静态概念，不能反映经济创新、制度变迁等重要因素对效率的贡献。而在某种意义上，静态效率视角往往将市场结构与市场行为的因果关系颠倒（车圣保，2011）。

对主流经济学"帕累托效率"的批判产生了其他不同的效率理论，如新制度经济学强调效率是一个动态的概念（熊彼特，1912；诺斯，1944；纳尔逊、温特，1982；等等）；还有学者认为效率是一个多层次的集合（法约尔，1957）；也有学者认为效率是考察投入与产出的关系等（莱夫特威齐，1973；樊纲，1992；黄少安，2004；等等）。

认为效率是投入与产出的对比关系的观念与管理学对效率的定义有相当的契合度，并且该观点也符合经济学两大前提假设"资源稀缺性和经济人"的要求，与主流经济学也有相同之处。如萨缪尔森和诺德豪斯等对效率概念的解释是，给定投入和技术的条件下，经济资源做到了最大可能程度的利用。黄少安（2004）认为经济效率是指对稀缺资源的投入与使用这些稀缺资源所带来的产出之间的对比关系。依据这些研究学者观点，如果不考虑资源投入及产出在不同主体之间分配问题，资源配置效率就是一种技术关系——投入与产出的关系。可见，效率概念的外延比主流经济学的效率概念——配置效率的外延更大，效率包括了配置效率（车保圣，2011）。

二　效率理论与企业环保投资效率评价指标体系构建

效率理论对企业环保投资效率概念的认识及指标体系建设有重要指导作用。

企业环保投资是一种经济活动，也是企业管理的重要内容，正确理解企业环保投资效率概念应基于合适的效率理论。而企业环保投资效率是一个多学科综合的结果，受到投资学、环境经济学、管理学等学科的影响，因此应考虑基于各学科理论对效率概念的共同认识基础理解企业环保投资效率概念。

效率理论对企业环保投资效率评价指标体系建设具有重要指导作用。企业环保投资效率评价指标体系具有多目标评价、多指标组成等特点，其评价指标间的结构关系会因对效率概念理解不同而出现重大变化。

企业环保投资是一种企业管理行为，其效率的提高需要符合管理学的效率理论，即考虑企业环保投资过程中产生的资源投入与收益产出间的对比关系。这决定了企业环保投资效率评价指标体系中的指标主要分为投入指标与产出指标两大部分，且结构关系表现为投入与产出的比值。

企业环保投资也是一种经济行为，按照主流经济学的效率理论指导要求，企业环保投资效率评价指标体系中的指标就应分为技术指标、配置指标、规模指标等，结构关系则表现为积的形式。

本书界定企业环保投资效率为企业环保投资所产生的相对效果，即企业进行环保投资投入与产出的比较。正是基于管理角度认识企业环保投资效率，企业环保投资效率评价指标体系结构关系才表现为投入与产出的比值。

第三节　企业环境战略管理理论

一　企业环境战略管理理论的基本内容

企业环境战略起源于 20 世纪 90 年代，被视为企业政治战略的重要组成部分。关于企业环境战略概念，一般认为，环境战略就是如何组织、规划以解决环境问题（秦颖等，2004），Sharma（2000）认为环境战略是企业为遵守相关环境法规和减少企业经营活动对环境的污染而采取的战略规划，赵领娣和巩天雷（2003）则认为，环境战略是企业为平衡处理其生产经营活动与生态环境之间的关系而制定的战略。

关于企业环境战略的内容，Hart（1995）的观点最具代表性，他认为环境战略管理主要包含污染控制、污染防治、产品管理与可持续发展等四方面内容。其中，污染控制和污染防治的根本目标是促使污染排放量最小化，产品管理是将环境保护理念与产品的设计、开发与生产过程相结合，可持续发展强调企业应具备可持续发展能力和承担实现可持续发展的责任。

关于企业环境战略的分类，多数研究学者提出了自己的看法（Sharma、Vredenburg，1998；Henriques、Sadorsky，1999；Tilley，2005；胡美琴、骆守俭，2008；徐建蓉，2008；马中东等，2010；等等），但是最具综合性和应用性企业环境战略分类的研究当属C. Oliver（1990），她的观点包含了从被动到主动五个战略，依次是默许、妥协、躲避、违抗和操纵，并进一步把每个战略细分为三个战略，后来 B. Clements（2001）把 C. Oliver 的观点用于对环境管理的理解，并以美国钢铁业为样本对此进行了实证研究，发现这 15 个策略①完全可以用来反映企业应对环境规则的态度。

另外，对环境战略研究还需要关注企业环境责任态度变化。环境战略的制定与企业对待环境责任的态度和方针是密不可分的。Schafer、Harvey（1998）通过实证研究对环境责任的发展阶段做了

---

① C. Oliver 的战略和策略图示可看秦颖等发表在《中国软科学》2004 年第 11 期的论文《企业环境战略理论产生与发展的脉络研究》。

进一步的研究，发现环境责任的理论和实践发展经历了成本最小化、成本效益相关和有效环境控制等三个阶段。成本最小化环境责任态度就是企业尽量避免和降低环境保护相关成本；成本效益相关环境责任态度指企业认为环境规则是强制性的，企业进行的环境污染治理需要考虑其成本、效益；有效的环境控制环境责任态度则强调企业通过环保投资提供可持续的竞争优势。

二 企业环境战略管理理论与企业环保投资效率评价指标体系构建

企业环境战略分类及企业环境责任态度研究理论说明，企业对环境战略的认识处于不同阶段决定了企业对环保投资效率评价目标的不同。如企业环境战略采用躲避战略，即企业环保投资只要做到企业受到的各种环境污染处罚及其他环境损失成本最小即可，此时企业环保投资产出表现为环境税费的降低金额、政府环境罚款减少金额、环境诉讼成本的降低金额等。企业环保投资效率是指各种环境成本的减少与企业环保投入的比值，企业环保投资效率评价目标是实现环境损失成本最小化。但如果企业环境战略采用操纵战略，即企业环保投资为实现企业可持续发展服务，要充分发挥企业环保投资带来的综合产出效益，此时企业环保投资产出表现为为企业带来的经济利益、企业周边环境质量的改善、企业外部利益相关者对企业的积极评价等，在这种情况下，企业环保投资效率是指企业环保投资带来的综合产出与企业环保投入的比值，企业环保投资效率评价目标则是通过有效环境控制，使企业环保投资带来更大的综合产出，为企业带来可持续的竞争优势，从而实现企业财富的可持续增加。

但我国企业目前从环境保护投资现状来看，企业采用的是避免型逃避策略的环境战略，对环境责任的态度也基本处于成本最小化的低级阶段，这从环境绩效信息披露有限、环保投资不足及环保投资效率不高的事实可以看出。我国企业的这种环境战略思想及对环境责任的态度认识对企业的可持续发展极其有害，这种环境战略意识不到环保投资形成的环境绩效等效益的事实，对环境责任的态度也没有达到成本效益化甚至有效控制的高度。企业环保投资效率评价指标体系建设要具有前瞻性，要为解决我国企业环境保护投资问题服务，即要使企业环境战略调整到操纵战略阶段，企业环境责任态度要转变到有效缓解控制层面，因此，企业环保投资效率评价指标体系的评价目标应是提高企业环保投资效率，实现企业财富的可持续增加。

企业环境战略理论对企业环保投资效率评价指标体系的指标内容也有重要指导作用。Hart（1995）对企业环境战略内容的研究为企业环保投资效率评价指标体系的指标设计提供了有价值的参考：关注污染控制、污染防治，说明企业环境投资需要考虑企业周边环境质量的改善，即考虑环境效益；关注企业可持续发展，就是要求企业环境投资不仅考虑企业自身的发展，还要关注社会对企业环境保护的需求，即考虑社会效益。根据 Hart（1995）的企业环境战略研究结论，企业环保投资效率评价指标体系中企业环保投资总产出指标除考虑企业环保投资为企业自身带来的经济效益外，还需要考虑企业环保投资环境效益和企业环保投入社会效益等指标。

第四节　利益相关者理论

一　利益相关者理论对利益相关者类型的界定

利益相关者理论的创立者为多德，但是作为一个明确的理论概念，它是在 1963 年由斯坦福研究所提出的，其形成一个独立的理论分支是由于瑞安曼和安索夫的开创性研究。弗雷曼（1984）在《战略管理：一种利益相关者的方法》一书中第一次给利益相关者作了较全面而准确的定义，是指影响企业目标的实现或被企业目标的实现所影响的个人或群体。弗雷曼根据利益相关者所拥有的资源不同，将利益相关者分为所有权利益相关者（如企业股东、高管等）、经济依赖性利益相关者（如企业员工、债权人、消费者、社区等）和社会利益相关者（如政府等）。该利益相关者理论后经布莱尔、多纳德逊、米切尔、克拉克森等学者的进一步发展，形成了比较完善的理论框架（李洋等，2004）。

20 世纪 90 年代，经济学家普遍认识到不同类型的利益相关者对于企业决策的影响以及被企业影响的程度是不同的，必须从利益相关者与公司关系的不同特征入手，从多个角度对利益相关者进行细分。卡罗（1996）提出了两种分类方法，其中一种分类是将利益相关者区分为核心利益相关者、战略利益相关者和环境利益相关者。核心利益相关者是对企业存在生死攸关的人或团体，战略利益相关者是企业在面对特定的威胁或机会时才显得重要的人或团体，而环境利益相关者则包括了企业存在的外部环境。卡罗的分类简明而客观，得到了大多数学者的接受。其他学者如萨维奇等（1991）、查克汉姆（1992）、克拉克逊（1995）、威勒（1998）等也提出了相应的利益相关者分类，米切尔等人（1997）甚至提出了"动态发展"的利益相关者分类的观点。

利益相关者理论最初用于研究利益相关者与企业关系，20 世纪 90 年代以后，利益相关者理论的发展已经渗透到不同研究领域，如组织学、战略管理学、环境管理学等，其最引人注目的是利益相关者理论对公司治理理论的贡献（李善民等，2008）。

二 利益相关者理论与企业环保投资效率评价指标体系构建

利益相关者理论说明了企业利益相关者是企业环保投资效率提高的驱动因素之一。企业的生存与发展离不开广大利益相关者的参与和支持，追求经济利益最大化并不是企业的唯一目标，除经济目标外，企业还应承担相应的社会责任（李龙会，2013）。广大利益相关者利用环境信息披露机制向企业施加改变其环境行为的压力（Arora 和 Cason，1996）；Bansal 和 Roth（2000）的研究表明，利益相关者施加的环境压力是企业对环境问题做出反应的驱动因素之一；Baker 和 Sinkula（2005）研究发现，利益相关者重视环境保护的程度越高，对企业施加的环境压力越大，企业就越倾向于采取积极的环境战略并加强环境管理，从而企业的环境能力和竞争力得到改善。此外，政府通过制定和执行环境管制政策、完善环保法律法规对企业也施加了履行社会责任与环境责任的压力。可见，利益相关者因素对企业履行社会责任与环境责任而言具有重要作用。

利益相关者理论对企业环保投资效率评价指标体系的指标内容有重要指导作用，如明确了与企业环保投资有密切关系的利益相关方范围。就企业环保投资方面来说，环境利益相关者会关注企业的环境效益信息和社会效益信息，如消费者主要关注企业是否生产绿色环保产品，产品是否获得相关环境质量体系认证；社会公众重点关注企业的生产经营活动是否对周边生态环境造成负面影响；投资者会了解企业是否按照环境政策和环保法律法规从事生产经营活动及其所存在的环境风险，从而决定其投资决策等；政府会关注企业是否遵循了相关的环境规章制度，是否造成了严重的环境事件等。

总之，利益相关者理论对企业环保投资效率的影响就体现在企业可以通过提高企业环保投资效率，满足自身环保投资经济效益的同时，也满足了企业外部利益相关者的环境诉求。

第五节　竞争优势理论

一　竞争优势理论对企业竞争优势的确定

所谓企业竞争优势，一般是指当两个企业处在同一市场中，面对类似顾客与市场，一个企业超越其竞争对手的能力（蒋峦等，2005）。基于管理学角度研究从企业内部发掘企业的竞争优势，从而形成了竞争优势的内部理论。

20世纪80年代，基于企业内部资源研究竞争优势的资源基础论开始兴起。资源基础论不仅是对产业组织理论（企业竞争优势外生论的理论基础）的"结构—行为—业绩"范式的替代，而且是对波特的产业分析模式应用于战略领域的分析方法的替代（福斯，1998）。资源基础论从一定程度上弥补了外生论的不足，但并非所有资源都能成为竞争优势的来源（陆淳鸿，2007）。针对资源基础论的不足，研究学者认识到企业开发资源、利用资源和保护资源的能力才是竞争优势深层次的来源，即认为企业竞争优势来源于企业的创新能力。

企业的竞争优势依赖于企业的创新，这种新的企业竞争优势内部理论源自熊彼特的创新思想及"创造性毁灭"理论，在其开创的"创造性毁灭"理论中，"动态竞争条件下的实质性市场竞争是创新竞争"，即以企业为主体的创新活动是经济进化的发动机，也就是企业的竞争优势来源于企业的技术创新活动（蒋峦等，2005）。

二 竞争优势理论与企业环保投资效率评价指标体系构建

企业保持竞争优势需要不断进行生产设备创新、生产技术创新、产品设计创新及管理制度创新以提供有力支持。当前在我国强化建设"资源节约型、环境友好型"社会及实现"美丽中国"的战略指导下，生产设备的创新不仅要满足客户更高质量需求，还要满足更高效地使用资源、更少地产生污染的需求；生产技术创新就是企业产品生产流程要符合生命周期理论设计，即在产品的研发设计过程、原料的采购过程、原料的加工生产过程、产品的储存及运输等流通过程、产品的使用过程、产品的报废及废品处置等过程中要充分考虑环保要求；产品设计创新要满足绿色产品的要求；企业管理制度创新要充分考虑国家环境规制。

上述创新活动实际与企业环保投资效率有紧密关系，企业只有在设备、生产技术、产品研发及公司管理制度方面进一步创新，才能达到提升企业环保投资效率的效果，也才能使企业面对其他企业保持强大的竞争优势。

竞争优势理论强调企业的竞争优势依赖于企业的创新，提高企业环保投资效率需要企业的创新，竞争优势理论是企业提高其环保投资效率的驱动因素之一，要求企业关注其环保投资效率，同时，竞争优势理论为衡量企业环保投资效率提供了理论支持。

| 第三章 |

企业环保投资效率评价指标体系内容研究

　　我国企业环境保护问题的关键在于提高企业环保投资效率。虽然有学者认为环保投入是环境治理的主要因素（颉茂华，2009），但是如果没有较好的企业环保投资效率，仅有环保投入的增加，产生好的环境效益是很困难的，我国企业环保投资额日益增加，但企业造成的环境污染越发严重的现实充分说明了这一点。提高企业环保投资效率会对环境污染改善起到重要作用，因为"有了效率往往就会有效益"（刘志远，2007）。

　　但是，企业环保投资效率是多种因素综合作用的结果，它反映的是企业环保投资总效益与企业环保总投入的比值关系，这两者的构成内容也比较复杂，因此，对企业环保投资效率的评价属于综合评价，易采用综合评价指标体系的思想分析其指标内容建设。

　　前述内容综述了国内外政府机构、学术组织及研究学者在企业环保投资效率评价指标体系建设方面的研究成果，为构建企业环保投资效率评价指标体系提供了扎实的学术背景。本章主要对企业环保投资效率评价指标体系的内容做系统、深入分析。

　　构造综合评价指标体系最常用的方法是分析法（苏为华，

2000），该方法强调综合评价指标体系构建过程中首先需要明确其核心概念，就是对评价问题的内涵与外延做出合理解释。有了综合评价指标体系核心概念，才能划分概念的侧面结构，明确评价问题的各种目标（苏为华，2000），也才能按照综合评价指标体系构建的物理过程，依次展开建立评价指标体系、选择评价方法与模型、实施综合评价等后续工作。

接下来的内容安排如下：第一节分析企业环保投资效率评价指标体系的核心概念，如环保投资、企业环保投资和企业环保投资效率等；第二节明确企业环保投资效率评价指标体系的总目标及子目标；第三节按企业环保投资效率评价指标体系涉及的基本指标内容做展开分析。

第一节　企业环保投资效率评价指标体系基本概念分析与界定

一　环保投资

（一）认识环保投资要区分国内环保投资和国外环境保护费用概念

关于环保投资概念，国内外存在着明显的不同：美国、日本等发达国家是环境治理的先驱，以这些国家为代表坚持环境保护投资"费用说"的观点，即环境保护投资是社会为维护、改善环境质量付出的总费用。

"费用说"进一步扩大环境保护过程中产生的费用范围，提出了环境代价概念，认为在开展某项经济或社会活动时，会产生环境保护费用和环境危害费用，两者之和就是环境代价（彭峰等，2005）。在解释环境保护投入外延时，美国、日本等发达国家也不尽相同[①]。

我国也有类似于"费用说"的定义，但在我国占主流的是"投资说"（彭峰等，2005）。"投资说"的代表人物是我国学者张坤民，他提出"环境保护投资是指国民经济和社会发展过程中，社会各有关投资主体，从社会积累基金和各种补偿基金中支付的，用于防治环境污染、维护生态平衡及与其相关联的经济活动，以促进经济建设与环境保护相协调发展的投资"（王子郁，2001）。

"投资说"总的观点是，认为环境保护投资是国民经济和社会发展的固定资产投资的重要组成部分（彭峰等，2005）。但是，环境保护投资又具有特殊属性，正如彭峰等（2005）所言，环境保护投资主体以企业为主，但是其投资主体与利益获得者又经常不一致，投资效益则表现为以环境效益为主，也难以用货币直接计量。

笔者认为，企业环保投资效率评价指标体系构建中关于环保投资概念一定要有一个明确的界定，是基于"费用观"还是基于"投资观"，由于对费用的评价和对投资的评价有明显区别（国外常用的环保投资效率评价方法包括基于"费用观"的环保评价方法有均匀污染法和线性规划法等[②]，基于"投资观"的环保投资评价方法有 DEA 法和 Mamquist 指数法等），企业环保投资效率评价指标体系应以"我"为主，坚持"投资观"为主导、"费用观"

---

① 关于该外延说明，可参看彭峰、李本东于 2005 年发表在《环境科学与技术》上的文章《环境保护概念投资辨析》。

② Freeman（1973）利用均匀污染法对环保投资效率做了研究，认为环境容量是一种资源，只有当边际治理成本和环境污染的边际损害成本相等时，环保投资效率最佳；Victor（1972）、Hite 和 Laurent（1972）利用线性规划法分别对加拿大和英国查尔顿地区的环保投资效率做了检验。早期我国学者也曾基于"费用观"对环保投资效率做了研究，如利用均匀污染法评价（徐少辉，1996；于江涛，1998），也有学者采用投入产出线性规划模型（钟契夫、陈锡康，1983；过孝明，1993）。

的合理思想可做必要补充。

（二）认识环保投资要区分环保投资和一般投资概念

在我国，环保投资属于投资范畴的观点占据主流，大多数学者认为环保投资具有投资概念所包含的所有的自身内部固有的规律的表现。如李昌清（1995）从投资主体、目的、周转性、增值性等四个方面分析了投资内涵所具有的规律性，他强调这些规律性是投资区别于其他经济活动的性质而特立存在。我国投资学者邵以智（1991）也从四个方面——历史范畴、经济过程、投资外延、营利性和生产建设性——明确投资概念的科学定义，并给出了相应定义：投资是经济主体以获得未来收益为目的，预先垫支一定量的货币或实物，以经营某项事业的行为。

我国投资学者尤其是邵以智关于投资的定义到现在仍然科学地反映了投资的一般性，我国环保投资的实践也充分反映了投资的这些规律性实质，符合投资的科学定义，这印证了环保投资属于投资范畴的事实，也就是环境保护投资是投资的一种，它具有一般投资的根本特性。

但是，环境保护投资还具有其自身的特殊性，环境保护投资所获得的收益不仅指它的经济效益，还包括环境效益和社会效益。以政府为投资主体的环保投资，更强调环保投资的环境效益和社会效益（彭峰等，2005）。

环保投资追求包括经济效益、环境效益和社会效益在内的综合效益，而一般投资只强调经济效益，两者具有明显不同。笔者认为，如果不清楚环保投资和一般投资的区别，用一般投资的效率评价指标体系衡量环保投资效率将是不合适的。

（三）认识环保投资要注意环保投资和生态投资概念的区别

在我国，尽管学界普遍把环保投资理解为一种投资，但很少提及环保投资概念，常用概念有生态投资等。关于生态投资概念，汤尚颖和徐翔做了系列研究①，他们认为，如果环保投资的内涵和外延不断扩大，其概念也将演变为"生态投资"，基于此，他们鲜明地提出了"生态投资包含环保投资"的结论，曾任中国环境科学研究院环境管理研究所研究员王金南也认为"环境保护投资通常不包括生态建设的投资"。

笔者认同上述观点，因为生态是一个系统概念，其外延要远远大于环保投资。但是从理论学者研究状况及生态投资研究实践来看，对生态投资的研究主要依附于对环保投资的研究（段泽然，2011）。可见，生态投资源于环保投资，但内涵、外延又包含环保投资。

二 企业环保投资

认识企业环保投资还要区分企业环保投资和政府环保投资概念。这里从研究环保投资外延做区分分析，针对环保投资包含的具体内容，不同的学者考虑的内容也不同。

张坤民和孙荣庆（1992）认为环保投资范围包括新建项目防治污染的投资、老工业企业治理污染的投资、城市环境基础设施建设投资三部分；厉以宁和章铮认为环保投资是指环境污染治理投资、环境保护投资、环境产业投资等；丛树海则认为环保投资包括污染治理投资和环境能力建设投资等；王金南认为我国的环境保护投资应涵盖污染防治、环境基础设施、环境保护机构能力

---

① 汤尚颖和徐翔相继于 2004 年在《理论探索》发表《准确理解生态投资内涵》，2005 年在《科学发展观与和谐社会》发表《生态投资的内涵及哲学思考》。

建设等投资①。另外，汪洋、屠梅曾、张琚逦（1999）认为环保投资应分为环保产业投资、环保基础设施投资、环保机构自身运作费用、新建项目污染防治投资和老企业的污染治理投资等。

在我国的实际工作中，环保投资的统计口径也没有统一。例如，列入固定资产年报的环保投资只有更新改造投资，列入统计年报的环保投资则是企事业单位治理污染的资金。《2000 年全国环境保护规划纲要》规定环保投资包括国家预算内固定资产投资中的环保投资、城市公用设施、综合利用投资、自然保护投资及为环境管理服务的投资等。

可以发现，上述理论研究和实践运行中环保投资涵盖内容广泛。但是，这种不细分环保投资外延的做法过分凸显环保投资的社会效益和环境效益，使企业逐渐形成环保投资只会增加成本的观念，企业逐利的本性使得企业环保投资动力丧失。这种不细分环保投资外延的结果造成学者（如彭峰、李本东等）认为加强企业环保投资必须"借助国家的强制力以及宏观调控作用"。

但根据李海萍（2004）和万林葳（2012）的研究结论，使企业产生内在动力，真正促使企业不断进行环保投资的原因是企业认识到环保投资能带来丰厚的经济效益。也就是说，只有使企业深刻认识到环保投资从根本上是为企业带来经济效益的，才能真正促使企业加快环保投资，从而进一步带来环境效益和社会效益。

做到这一点，就必须把环保投资区分为宏观和微观两个层面，即包括政府环保投资和企业环保投资两部分。其中政府环保投资又包括城市环境基础设施建设投资和环境保护机构能力建设投资两部分，政府环保投资首要强调环保投资的社会效益和环境效益；

---

① 以上各学者研究综述得益于汤尚颖和徐翔 2005 年在《科学发展观与和谐社会》上发表的《生态投资的内涵及哲学思考》。

企业环保投资又包括环境污染预防投资、环境日常维护投资及环境污染治理投资等内容，企业环保投资首要强调环保投资的经济效益，兼顾社会效益和环境效益。这种分类既明确了环保投资的外延，又有利于改善企业进行被动环保投资的局面，还有利于利用企业环保投资效率评价指标体系评价企业管理效率。

三　企业环保投资效率

（一）明确效率在企业环保投资中的含义

学科研究中效率的含义非常广泛：效率的物理学含义是指有用功率对驱动功率之比值，效率在物理学中又分为很多种，比如机械效率、热效率等；效率的经济学含义是指社会能从其稀缺资源中得到最多东西的特性，效率在经济学中有很重要的地位，当前主流经济学的效率是"帕累托效率"，反映的是配置资源的效率，也有非主流经济学强调效率研究的产出与投入的关系（车圣保，2011）；效率的管理学含义是指在特定时间内，组织的各种投入与产出之间的比例关系，可以分为生产效率和配置效率。

企业环保投资效率评价指标体系中基于什么角度理解效率这个概念？站在财务角度理解效率应该以管理学中的效率含义为基础，因此，本书界定企业环保投资效率概念为企业环保投资所产生的相对效果，即企业进行环保投资投入与产出的比较。

（二）明确投资效率、投资绩效和投资效益概念

关于这几个概念的区分是一个比较麻烦的问题，刘志远（2007）明确提出"很多研究中将'投资绩效'作为既定的名词使用，但对投资绩效的内涵实际界定并不清楚，因而也使得投资绩效评价的口径不一致"。

对投资绩效的内涵界定不一的部分原因可能是投资定义不统一。因为"关于投资的定义，国内外学者在研究投资时，都不满足于现有的定义，很多人都力图提出新的定义，以至于众说纷纭、莫衷一是"（刘昌黎，2008）。笔者比较赞同从投资目的和过程出发定义投资，如《简明不列颠百科全书》对投资的定义：投资是指在一定时期内期望在未来能产生收益而将收入变为资产的过程。相应地，对投资进行评价应该包括对投资目的（结果）的评价和投资过程的评价两部分。

另外，投资绩效内涵界定不清的原因也可能是对绩效理解不同，就造成了同是研究绩效但内容却不相同的局面。如实际应用中，人力资源管理认为绩效是指主体行为或者结果中的投入产出比；管理学则认为绩效是组织期望的结果等。刘志远（2007）认为"评价一个过程的绩效，可以采取过程与结果两分法。在对过程进行评价时，其实是考察投资效率问题；而对结果进行评价时，其实是考察投资效益问题"。笔者比较赞同刘志远对绩效评价的理解，绩效，顾名思义，本来就应该分为效益和效率两个方面。

总之，投资绩效包括投资效率和投资效益，投资效率和投资效益是对不同过程阶段的绩效评价，前者针对过程评价，后者是对结果的评价。但是在绩效评价实践中，正如刘志远所说，"在公司财务学关于投资绩效评价的内容中，很少看到投资效率评价，或者说考虑的多是从结果来评价而非从过程来评价……我国公司财务学的投资绩效评价的缺陷是，侧重结果而忽略过程，从而侧重投资效益而忽略投资效率"。

企业环保投资效率评价指标体系研究正是基于对投资过程的评价研究投资绩效，为区分和其他投资绩效研究的不同，这里采用投资效率概念描述对投资过程的绩效评价。

（三）企业环保投资效率比较

基于上述分析，西方发达国家学术组织、政府机构发布的关于环境绩效评价的各"指南"，不同于本书的企业环保投资效率评价视角：全球报告倡议组织（GRI）公布的《可持续发展报告框架指南》中的指标基于对结果的评价，没有包含对过程的评价；世界可持续发展工商理事会（WBCSD）发布的《生态效率测量指南》中的指标虽然是对过程的评价，但是其生态效率计算公式中的指标是产出与产出的比值，具体是把代表不好的产出指标（环境影响指标）与代表好的产出指标（经济指标）进行比较；日本环境部组织（MOE）出台的《企业环境绩效指标指南》指标体系中包含的对过程评价的指标（该"指南"所指的与管理相关的指标）同样是基于产出与产出的比值；虽然国际标准化组织（ISO）发布的《环境绩效评价指南》指标中既有对结果的评价，也有对过程的评价，且对过程的评价也是基于投入与产出的比值，但其投入是指资源的投入，不是指企业环保方面的投入。

构建的企业环保投资效率评价指标体系应是对企业环保投资过程的评价，且衡量的是企业环保过程中发生的投入与产出的比值，这也明显区别于我国已发布的《中国企业社会责任报告书》和《企业环境报告书》。《中国企业社会责任报告书》和《企业环境报告书》中包含的过程评价指标均是基于生产过程中资源的投入与产出比值，不是基于环保投入与产出比值。

总之，如果企业环保投资效率评价指标体系构建涉及的相关概念搞不清楚，那么一个代表性强、可操作性强的企业环保投资效率评价指标体系就不可能真正形成。只有明确确立合适的、符合我国实际的企业环保投资效率评价指标体系核心概念，才有可能建立科学、合理、有效的企业环保投资效率评价指标体系。

第二节 企业环保投资效率评价指标体系评价目标

一 总目标

企业环保投资效率评价指标体系的评价目标是通过企业环保投资效率的提高提升企业价值。企业环保投资效率评价指标体系的评价目标不仅要契合我国企业环保投资实际，还要使得企业实行的环境战略向更高的阶段递进，使得企业的环境责任意识更深入，因此其总目标要具有前瞻性。根据 C. Oliver（1990）对企业环境战略分类的研究，企业最高阶段的环境战略是操纵战略，这个阶段要求企业环保投资为实现企业可持续发展服务，要充分发挥企业环保投资带来的综合产出效益，而不是考虑环保投资规模及结构问题。因此，企业环保投资效率评价指标体系评价目标是通过计算企业环保投资带来的产出与投入比值，使企业环保投资总产出持续增长，企业环保投资效率持续增长，企业获得财富增加能力持续增长，最终实现企业价值可持续增长。

另外，根据企业经营管理需要，企业环保投资效率评价指标体系评价总目标还包括：要能反映企业管理者环保资产经营能力业绩，为企业投资者评价经营者业绩提供依据，也为资本市场信息使用提供决策依据，使得资本市场资金从环保投资效率较低企业流向较高企业，充分发挥资本市场在支持企业可持续发展方面的资源配置作用。

二 子目标

（一）企业环保投资经济效益目标

企业环保投资创造的经济效益目标是促进企业环保投资创造

更好的经济效益。《企业环境报告书编制导则》（2011）描述企业环保投资经济效益为"企业在降低环境负荷、消除环境负面影响等环保活动中获得的直接或间接经济效益"。其中直接经济效益如资源、能源消耗节约产生的经济价值和环保产品销售带来的经济价值等；而间接经济效益，如由于企业环保投资受到的政府相关环保奖励及达到国家环保标准而免交的超标排污费和罚款等。或者说，企业环保投资经济效益目标是企业环保投资使得企业资源、能源消耗越来越节约，生产的环保产品销售越来越多，获得的政府环保奖励较多，缴纳的与环保污染有关的税费及罚款越来越少。

（二）企业环保投资环境效益目标

企业环保投资创造的环境效益目标是企业环保投资带来的环境质量持续改善。企业环保投资环境效益的好坏，不但标志着环境保护投资使用情况的优劣，而且关系整个环境保护工作的成败。具体表现在使区域的环境质量得到改善和缓解或控制自然生态环境恶化的趋势两方面（彭峰等，2005）。根据我国环境保护部发布的相关环保标准，区域环境质量改善可以表现为诸如水环境质量、空气环境质量、声环境质量及固废综合利用能力趋好等方面，自然生态环境缓解表现为生物多样性趋向丰富等。

（三）企业环保投资社会效益目标

企业环保投资创造的社会效益目标是企业环保投资使得利益相关者满意度越来越高。根据西方发达国家及我国的相关组织、政府机构等关于环保投资文献资料及管理学对利益相关者的界定，与企业环保投资有关的利益相关者包括消费者、投资者、企业所在社区及社会等利益群体。这些利益群体对企业环保投资的评价可以用消费者满意度、投资者满意度等指标描述。

（四）企业环保总投入目标

企业环保总投入目标是企业用于环保投资的总金额持续增长。根据企业环保投资效率理论，企业环保产出与环保投入的比值越大越好，但同时总目标的比值中作为分母的环保投入也要持续增长，因为企业只有在较高的环保投资效率和较高的环保投入同时具备时，企业环境污染治理才能得到根本改善。企业环保投资最终目的是要实现企业经济效益的提高，环境质量的持续改善以及利益相关者满意度越来越高。仅仅是较高的企业环保投资效率不一定保证有较好的环保投资综合效益，即"有效率不一定有效益"（刘志远，2007）。提高企业环保投资综合效益，需要企业环保投入的持续增长做保证（张彬、左晖，2007；曹洪军、刘颖宇，2008；颉茂华、王媛媛，2011；Tao 和 Li，2011；等等）。

第三节 企业环保投资效率评价指标体系主指标分析

企业环保投资符合投资所具有的规律性，因此对企业环保投资效率，就不能根据西方国家基于企业环保投资"费用观"的做法进行衡量①，而应该基于投资理论研究效率的方法研究企业环保投资效率，也即研究企业环保投资所带来的产出投入相对效果。

不同的学科对效率定义不同，主流经济学投资效率强调实现"帕累托效应"（车圣保，2011），研究的是投资的技术效率、配置效率和规模效率问题。管理学则强调效率研究的是产出与投入的对比关系。环境会计研究是管理学的重要研究内容，本书基于管

---

① 欧美环保投资研究学者经常采用均匀污染法和线性规划法研究企业环保投资效率。

理角度认识企业环保投资效率，因此，企业环保投资效率评价指标体系结构关系表现为投入与产出的比值。

Hart（1995）认为环境战略管理主要包含四方面内容，即污染控制、污染防治、产品管理与可持续发展。其中，污染控制和污染防治的根本目标是促使污染排放量最小化，产品管理是将环境保护理念与产品的设计、开发与生产过程相结合，可持续发展强调企业应具备可持续发展能力和承担实现可持续发展的责任。根据 Hart 的研究，企业在进行环保投资中污染控制和污染防治就是为了减少废物的产生，改善废水、废气、固废等污染源排放对环境质量的影响，充分说明企业环保投资需要追求环境效益；强调企业应承担实现可持续发展的责任，说明企业作为社会的一个"契约结合体"，其环保投资应该追求利益相关者对企业环境的满意评价，即企业环保投资需要追求社会效益；除污染控制和污染防治投入外，企业在环保产品的研发、基于生命周期的生产技术研发等方面的投入也应该纳入企业环保投入范畴。

企业环保投资作为企业的一种资产投资，企业天然逐利性要求环保投资追求经济效益，因此，Hart 的环境战略管理研究与社会责任的"三重底线"理论具有相同的理念，其思想为企业环保投资效率评价指标体系内容的建设起到了理论指导作用。

依据上述理论分析，企业环保投资效率评价指标体系内容根据实现的评价目标可分为两个层次：一是企业环保投资效率层次，二是企业环保投资总效益和企业环保总投入层次。对这两个层次的理解应是，企业环保投资效率是总目标层次，是企业环保投资效率评价指标体系的核心内容，企业环保投资总效益和企业环保总投入是企业环保投资效率评价指标体系的两个子系统，为计算企业环保投资效率服务。而企业环保投资总效益是中间目标层次，其又包括企业环保投资经济效益、企业环保投资环境效益和企业环保投资社会效益等在内的多个子目标层次。企业环保投资效率评价指标体系主指标描述如下。

一 企业环保投资效率

正如前文所述，企业环保投资效率的内涵是企业环保投资带来的产出与投入的比较。其外延界定为企业能实施控制的企业环保投资过程中的产出与投入比值，即企业环保投资总效益除以企业环保总投入。

企业环保投资效率是企业环保投资效率评价指标体系的总指标，其中企业环保投资总效益包括经济效益、环境效益和社会效益等内容，这些分指标属性不同、计算方法不同，分别作为企业环保投资效率的主要维度存在。企业环保总投入分解为环境预防投资、日常管理投资和污染治理投资等内容，由于企业环保总投入的分指标全部为经济指标，所以该指标本身作为主要维度指标不做细化分解。

二 企业环保投资经济效益

研究企业环保投资经济效益包含的内容需要首先理解经济效益概念。经济效益概念在西方等发达国家较早形成比较成熟的概念，虽然我国学者早在 1962 年就关注了"经济效益"问题的研究[1]，但直到 1978 年五届全国人大四次会议首次提出"经济效益"一词之后，大批学者才频繁使用"经济效益"概念，也有不少学者

---

[1] 冯华德、黄载尧于 1962 年在《经济研究》杂志发表论文《关于大型水利枢纽布局经济效益综合论证的几个问题》，首次使用"经济效益"概念展开问题研究，之后一直到 1979 年，也只有马鸿运（1964）、魏双风（1965）等在研究文献中明确提出经济效益问题。

展开了对该概念的研究及辨析（周诚、刘天福，1982；谢克敏、候百管，1983；戴震雷、绍泉，1984；单东，1984、1985；杨干忠，1985；李欣广，1986；李载松，1990；石云龙，1994；张先治，1994、1996；等等），该研究及辨析过程直到 20 世纪 90 年代中后期才逐渐接近尾声。在众多学者对经济效益概念分析中，张先治教授对经济效益概念进行了合理分解，且对经济效益内涵的定义包含了其他学者关于经济效益概念研究内容的共性，也对经济效益的外延做了详细描述。

根据张先治（1996）的观点，经济效益由经济和效益两部分构成，其中效益是经济效益的实质和核心，经济是经济效益的范围和领域。作者给出了经济效益具体概念，即"在社会经济（或社会再生产）活动中产生的经济效率及其相应的收益，它反映了投入或所费经济资源与产出或所得的经济成果之间的关系"，他把经济效益理解为一种比值关系，还提出了经济效益的货币化计量的特点，然后作者又对"投入或所费"及"产出或所得"从"范围、质、量"等方面做了规范描述。

张先治对经济效益概念的分析思路值得借鉴，认识企业环保投资经济效益内涵，应该把其分为企业环保投资和经济效益两部分来理解，经济效益是企业环保投资经济效益的实质和核心，企业环保投资是企业环保投资经济效益的范围和领域。企业环保投资经济效益内涵可以描述为"企业环保投资活动中产生的可用货币计量的收益"。

但是，经济效益用比值关系表示出来就不一定合适了，这涉及经济效益的外延问题。事实上，经济效益内涵虽普遍被理解为"社会经济活动中投入与产出的关系"，但是在描述企业环保投资经济效益外延时，却表现出了与经济效益内涵不一致的地方，如彭峰、李本东（2005）认为"环境保护投资的经济效益是指由于环境保护投资而获得的经济上的收益"，并举例说明了环保投资经济效益的类别，如"能源、资源的节约，技术革新，环境支出的减少等"，这些类别表现为绝对数而非比值。再如杨洋（2010）、王珉（2010）虽然坚持企业环保投资经济效益的内涵是"为实现特定的环境目标所付出与所获得的对比关系"，但其在描述企业环保投资经济效益外延时却用如"能源、材料消耗的减少，环保产品的销售，环境补贴收入，环境税费、排污费减少"等绝对数来反映。

另一个不一致体现在，如果把企业环保投资经济效益理解为一种比值关系，那么企业环保投资环境效益和企业环保投资社会效益也应该表现为比值关系才好，但事实上有关企业环保投资的环境效益和社会效益相比经济效益更加倾向于使用绝对数表示（关于企业环保投资的环境效益和社会效益的外延在后续会有介绍）。

如果把企业环保投资的经济效益、环境效益和社会效益统一理解为投入与产出的比值关系，那么，在构建企业环保投资效率指标体系时就会出现指标体系结构中"入度"大于1的情况，产生网状体系结构，即体系结构中控制下层指标的上层指标不止一个，如某环保研发投入，有可能既产生很好的经济回报，也使得环境质量有很大改善，同时社会评价也很好。这种网状体系结构将非常不利于后续指标体系的权数构造及合成方法的选择。

因此，把经济效益描述为"投入与产出的比值关系"不适合本书的研究思路，环境经济学对经济效益外延的说明比较符合本书的研究思想。环境经济学认为"经济效益是指人们从事经济活动所获得的劳动成果（产出）与劳动消耗（投入）的比较"，其表现形式可以用差式或商式表示（李克国，2003），即用差式这种绝对数形式表示经济效益也是可以的，这样也才能与后续环境效益和社会效益的分析保持一致。

关于企业环保投资经济效益的外延，综合相关研究文献，企业环保投资经济效益分为企业环保投资直接经济效益和企业环保投资间接经济效益比较好，并界定直接经济效益是指由于企业进行环保投资而于生产经营或提供劳务过程中产生的经济利益，间接经济效益是指企业于生产经营或提供劳务过程之外获得的与环保方面有关的经济利益。这里对企业环保投资经济效益做此划分的理由，一是简单的分类有利于指标体系的精简，有利于后续权数构造及合成方法选择；二是有利于明确企业环保投资经济效益的关注重点，方便后续企业环保投资效率提高的方法选择；三是该划分方法在理论研究（卡哈日曼·艾买提，2013）和实践（《企业环境报告书编制导则》，2011）中都有运用。

因此，本书界定企业环保投资经济效益包括企业环保投资产生的直接经济效益和间接经济效益两部分。直接经济效益包括但不限于能源、材料消耗减少带来的利益增加，环保产品的销售利益，"三废"综合利用收益等项目；间接经济效益包括但不限于获得的环境补贴收入，环境税费、排污费的减少，环保奖励的增加，因环保罚金的减少等项目。

三　企业环保投资环境效益

相对于经济效益内涵，环境效益内涵表现得比较统一，基本上采用了环境经济学对环境效益的定义（彭峰、李本东，2005；杨洋，2010；等等），即环境效益是指人类活动所引起的环境质量的变化（李克国，2003）。依据张先治对经济效益的分析思路，企业环保投资环境效益的内涵就是"企业环保投资活动所引起的环境质量的变化"。

关于企业环保投资环境效益外延，李克国等（2003）认为企业环境保护投资的环境效益主要表现在提高企业污染治理水平，促进地区自然生态保护，使环境质量和生态破坏有所遏制等方面；彭峰、李本东（2005）认为，企业环境保护投资环境效益具体表现在提高污染治理水平和控制或减少污染物排放，自然生态保护，使自然资源得到恢复和增殖，从而缓解或控制自然生态环境恶化的趋势等方面；杨洋（2010）指出，企业环保投资环境效益主要表现为空气、水体和土壤中污染物数量和有害物质浓度的减少和降低，可利用土地面积的增加，噪声和光污染的减少，生态平衡得以保持等。

上述企业环保投资环境效益外延总体可分为四类，第一类是环境质量状况方面，第二类是资源消耗方面，第三类是污染物排放方面，第四类是能源资源综合利用方面。笔者认为企业环保投资环境效益外延描述为环境质量变得更好，因为：第一，使环境质量状况信息与企业环保投资环境效益内涵更加匹配；第二，资源消耗、污染物排放方面指标较多，且不同行业使得其量纲单位多样化，指标间缺乏可比性，也不利于后续指标无量纲化处理；第三，资源消耗、污染物排放、能源资源综合利用等方面不属于环境效益的最终效果，其最终可分解为经济利益或环境质量变化等方面，如资源消耗降低，能源资源综合利用最终会带来能源、水、材料等资源的节省，从而给企业带来经济利益的增加，而污染物排放降低最终也会表现为环境质量状况的改善。

综上所述，界定企业环保投资环境效益的外延为企业及周边区域环境质量状况，如水环境质量状况、大气环境质量状况、声环境质量状况、固废综合利用状况及生物多样性程度等。

四　企业环保投资社会效益

社会效益的内涵相对简单，环境经济学认为社会效益是指人类活动所产生的社会效果。社会效益是从社会角度来评价人类活动的成果，有正负之分（李克国，2003）。企业环保投资社会效益的内涵可以表示为"企业环保投资活动中产生的社会效果"。

针对企业环保投资社会效益外延，李克国等（2003）、彭峰等（2005）指出其具体表现为"减少各类环境纠纷，促进社会的稳定；扩大就业机会，缓解劳动力过剩的状况等"；杨洋（2010）认为企业环保投资社会效益体现在"居民体质的增强、发病率的降低、平均寿命的延长、就业率的提高、劳动环境和条件的改善、人们生活质量的提高、人文社科景观的维护、因环境污染治理和生态建设给社会带来的稳定"等方面。

张明哲（2007）对社会效益的独特分析比较有利于本书寻找企业环保投资社会效益的外延，他指出，社会效益应该通过以下几个方面来理解：一是社会效益是一种社会评价，二是社会效益是对公共利益的度量，三是社会效益评价指标更多的是非价值形态的评价指标。根据张明哲的观点，企业环保投资社会效益首先是一种社会评价，确定了企业环保投资社会效益评价主体具有社会群体性质，企业环保投资界定的范围和领域又确定了其评价主体与企业环保投资有关；企业环保投资社会效益度量的是含有外部性的公共利益，所以评价主体不是企业自身，而应该是受企业环保投资影响的社会群体，这个结论也符合社会责任"三重底线"理论对企业社会责任的认识（"三重底线"理论认为企业承担的社会责任就是企业对社会其他利益相关者的责任）。

因此，结合上述观点、利益相关者理论及环境投资社会绩效评价实践，企业环保投资社会效益的评价主体应该是受企业环保投资影响的利益相关者；企业环保投资社会效益评价指标更多表现为非价值形态的指标，强调了与企业环保投资经济效益指标的区别，也就是企业环保投资社会效益的外延，这是指受企业环保投资影响的利益相关者，如消费者、投资者、社区、社会等对企业环保投资的评价效果。

五 企业环保总投入

这里结合环境保护投资概念所包含的诸如投资主体、投资载体、投资对象及投资目的等内容给企业环保总投入内涵一个较完整的描述，即企业环保总投入是企业为获得包括经济效益、环境效益和社会效益在内的预期综合效益而投向企业环境保护事业的各种资金总和。

企业环保总投入界定的外延包括环境污染预防投资、日常管理投资及污染治理投资等三部分内容，并界定环境污染预防投资内涵为企业为实现减少污染物向环境的排放及通过减少污染物的排放降低生产成本的目标而主动进行的环保投资[1]；日常管理投资内涵为企业发生的既不属于环境污染预防投资，也不属于污染治理投资的环保投资；污染治理投资内涵为企业因环境污染或资源破坏已经出现而被迫产生消除环境负面影响的环保投资。结合企业环保投资实践，其中环境污染预防投资又包括"三同时"建设投资、环保设备研发投入、环保产品研发投入等，环境日常管理

---

① 早期的污染预防知识狭隘地认为就是指原料的减少及有毒物品的减少。1976 年美国 3M 公司的 Joseph 博士提出一个新的概念，通过技术及管理的提高以实现两个目标：（1）减少污染物向环境的排放；（2）通过减少污染物的排放降低生产成本。但是直到 1990 年这一概念才受到美国决策者的足够重视，并逐渐被广泛应用。

投资包括日常环境维护投资、环保培训投入、环境检测费用、环保公益支出等，环境污染治理投资包括污染处理设备投资、"三废"综合利用设备投入等。

系统、深入分析企业环保投资效率评价指标体系内容，为企业环保投资效率评价指标体系结构研究指明了方向。对概念的把握能够使企业环保投资效率评价指标体系构建研究有一个准确的方向，也便于该评价指标体系搜集、处理真正合理数据，目标的明确可以检验企业环保投资效率评价指标体系的最终成效，对基本评价问题的内涵与外延的确定有利于评价指标体系具体指标选择和指标层级的合理安排。总之，只有深刻、透彻地对企业环保投资效率评价指标体系内容进行分析，才有可能形成一个理论基础扎实、方向明确，科学、合理、有效的企业环保投资效率评价指标体系。

第四章

企业环保投资效率评价指标体系构建研究

本章主要说明企业环保投资效率评价指标体系的结构建设，主要内容包括简述企业环保投资效率评价指标体系构建坚持的主要原则，如全面性、科学性等，这些原则规范了评价指标体系的构建过程；企业环保投资效率评价指标体系各级指标的初次选择和优化选择，该步骤是为了使所选的指标既满足评价要求又是评价所必需，也就是对评价目标来说，这些指标全面而又必要；企业环保投资效率评价指标体系的评价方法说明，包括对评价指标体系的指标设计、权重设计、合成设计等方面；最后简要说明了企业环保投资效率评价指标体系构建关注的其他问题，如评价主客体确定、评价周期、评价范围等。

第一节　企业环保投资效率评价指标
体系构建原则

一　遵守综合评价指标体系构建的一般原则

企业环保投资效率评价指标体系属于多目标、多指标的综合评价指标体系，其应以综合评价学为理论基础进行构建，应该遵守综合评价学中关于综合评价指标体系构建的一般原则。这些原则包括：全面性原则，即评价指标体系必须反映被评价问题的所有方面；科学性原则，即评价指标体系中的指标设计等要有充分依据，反映评价必要问题，如实反映评价内容；层次性原则，即评价指标体系要有框架特征，上层指标对下层指标有控制作用；目的性原则，即评价指标体系的指标要有针对性地反映问题，所选指标必须为反映、解决问题服务；可比性原则，即评价指标体系要做到不同评价对象或评价对象在不同时间、不同空间的公正比较等（苏为华，2000）。

二 遵守项目投资一般原则

依据前文所述，既然企业环保投资属于投资范畴，那么投资学中关于投资绩效评价的一些原则在企业环保投资效率评价指标体系构建中也应予以体现。具体如：综合评价原则，即要求项目投资评价要做到技术分析与经济分析的统一，微观财务效益与宏观国民经济效益的统一，经济效益与社会生态效益的统一，不能只见树木，不见森林；预测性原则，即项目投资不仅要评价过去的绩效，还要对未来的绩效提出预期，不能只看过去，不看未来等。

三 遵守企业环境绩效评价指标体系构建实践的"一般共性"原则

企业环保投资效率评价具有很强的实践性，国内外组织、政府机构及学者在企业环保投资绩效评价指标体系的构建及应用实践中形成了大量富有借鉴意义的"一般共性"，如注重框架的理论支撑，保证框架的科学性、合理性；注重同企业的合作，注重来自企业应用和管理层所反映和关心的问题；重视外部利益相关者利益；强调指标要定量评价和定性评价相结合等。这些"一般共性"反映了企业环保投资绩效评价实践中规律性的东西，需要在企业环保投资效率评价指标体系构建中认真遵守。

第二节　企业环保投资效率评价指标体系指标选择

一　指标初次选择

（一）指标选择的原则与方法

1. 指标选择的原则

指标选择首先要满足评价目标要求，遵循定性选取原则。苏为华（2000）认为，从某种角度看，综合评价指标体系构建其实就是在考虑如何选择综合指标体系中的具体指标。

在综合评价指标体系构建中，邱东（1991）将评价指标体系的选取方法分为"定性和定量两大类"，并提出了定性选取评价指标的五条基本原则：目的性、全面性、可行性、稳定性、与评价方法协调性。当然，也有其他统计学者提出定性选择指标的基本原则（如温素彬，1996；魏巍贤，1998；高长元、王宏起，1999 等[①]）。

目前各类多指标综合评价实践中基本上是采用定性方法进行指标选取的。总的来看，企业环保投资效率评价指标体系中指标选择需要遵守以下一些基本原则：全面性、科学性、层次性、目的性、可比性、与评价方法一致性等（苏为华，2000）。

[①]　这几位作者参考了一些其他指标定性原则，如科学性原则、目的性原则、层次性原则、可操作性原则、全面性原则、统一性原则、系统性原则、可比性原则等。

2. 指标选择的方法

指标初次选择要考虑合适的指标选择方法。综合评价指标的初次选择方法有分析法、综合法、交叉法、指标属性分组法等多种方法。上述几种方法中，分析法是构造综合评价指标体系最基本、最常用的方法，就是将综合评价指标体系的度量对象和度量目标划分成若干个不同组成部分或不同侧面，并逐步细分直到每一个部分和侧面都可以用具体的统计指标来描述和体现，分析法构造的指标体系会形成树形层次结构（游海燕，2004）。

企业环保投资效率评价指标体系的指标选择可以以分析法为主，辅以综合法。这种构建思路有利于后续指标体系结构优化，也有利于借鉴已有研究成果，广泛运用的环保投资绩效评价相关指标。比如，分析企业环保投资效率概念的内涵与外延，企业环保投资效率评价指标体系第一层应分解为企业环保投资总效益和企业环保总投入，而企业环保投资总效益又表现为经济效益、环境效益和社会效益的综合，企业环保总投入表现为环境污染预防投资、环境日常维护投资和污染治理投资的综合。还可以通过对各种环保投资效益、投入继续进行详细分解，使得企业环保投资效率评价指标体系整体表现为树形层次结构。

（二）指标的选择

在构建企业环保投资效率评价指标体系中，指标初次选择在满足评价问题目标需要的前提下，所选指标同时要满足全面性、层次性等原则。指标初次选择的具体思路是，要准确反映评价问题的内涵，以评价问题的外延为原则逐步细分至具体统计指标，并参考各组织、机构及研究学者的相关研究成果，同时结合与评价问题相关的指标选择应用实践。

这里参考的各组织、机构及研究学者的相关研究成果包括：

全球报告倡议组织（GRI）公布的《可持续发展报告框架指南》（G3），国际标准化组织（ISO）颁布的 ISO14031 环境绩效评价指南及 ISO26000 社会责任，日本环境部组织（MOE）出台的《企业环境绩效指标指南》，世界可持续发展工商理事会（WBCSD）发布的《生态效率测量指南》，中国社会科学院经济学部企业社会责任研究中心发布的《中国企业社会责任报告编制指南》2.0 版，中国国家环境保护部发布的《企业环境报告书编制导则》，国务院国资委发布的《关于中央企业履行社会责任的指导意见》，上海证券交易所出台的《上海证券交易所上市公司环境信息披露指引》，深圳证券交易所出台的《深圳证券交易所上市公司社会责任指引》，以及各研究学者的研究成果（如彭峰、李本东，2005；Heinkel，2009；王珉，2010；杨洋，2010；王昌海、温亚利等，2011；李培功、沈艺峰，2011）等。在企业环保投资效率评价指标体系构建指标初次选择中，还结合了与我国评价问题相关的指标选择应用实践，如我国企业发布的各类形式的社会责任报告，包括企业社会责任报告、可持续发展报告、企业公民报告、环境报告等①。另外，又分析了我国环境保护评价的主管部门——国家各级环保部门对重点企业环境监测而出具的监督性监测数据，以及定期发布的环境质量公报和统计年报等环境保护管控数据所选指标，争取在评价问题指标初次选择中做到企业环保投资效率评价指标体系的"指标可能全集"。

经过大量阅读、认真分析、系统整理相关资料等过程，企业

---

① 在分析我国企业发布的各种形式社会责任报告中，本书受益于《WTO 经济导刊》、责扬天下（北京）管理顾问有限公司、北京大学社会责任与可持续发展国际研究中心联合共同实施出版的系列研究成果《金蜜蜂中国企业社会责任报告研究》，在此对他们表示感谢。

环保投资效率评价指标体系构建中各分指标的指标初次选择结果按评价问题的外延列示如下。

1. 企业环保投资经济效益评价指标选择

企业环保投资经济效益概念外延界定为直接经济效益和间接经济效益两部分。直接经济效益指标包括减少资源的使用、污染的减少和废料回收所获得的节省，可再生能源的开发及利用情况，环保产品的销售收益，"三废"综合利用产品产值等。间接经济效益包括免受环境行政处罚，免交超标排污费，外单位环境破坏方面赔款，内部职工违反环保制度罚款收取的营业外收入，投资项目的环保功能使得环境税收和排污费的减少、相关利息节税，由于企业环保获得的政府环保方面的补贴、奖励等。

2. 企业环保投资环境效益评价指标选择

企业环保投资环境效益概念的外延界定为环境质量变化指标，具体包括产品或服务获得环境管理或环境标志的认证情况，废气处理达标情况，水质达标情况，土壤污染状态，生产噪声达标情况，设备周围平均噪声等级、释放的辐射数量、放出的热、震动或光的数量，环保生物多样性（如高生物多样性价值区域的大小，被保护的区域面积大小，绿化面积、农作物的数量和多样性，包括植物和动物在内的物种数量多少等）。

在各组织、机构、研究学者的企业环保投资环境绩效评价研究成果及应用实践中，采用降污减排、节能降耗、能源资源综合利用等方面的指标也比较多，为了全面反映企业环保投资环境效益指标，这里也把这些指标包括进来。其中，降污减排方面指标包括"三废"减排量、"三废"去除量、"三废"排污达标数等；节能降耗方面指标包括单位产品能耗、单位产品水耗、单位产品材料消耗、危险物品使用量的变化、可再生能源利用率等；能源资源综合利用方面指标包括能源、资源重复利用率,"三废"综合利用率等。

3. 企业环保投资社会效益评价指标选择

企业环保投资社会效益概念的外延界定为受企业环保投资影响的利益相关者如消费者、投资者、社区、社会等对企业环保投资的评价效果。具体指标如消费者类指标包括消费者满意程度、环保产品的销售量等;投资者类指标包括绿色投资者占企业投资百分比;社区类指标包括企业参与所在地区环境保护的方针及计划,企业与社区及公众开展环境交流活动情况,居民体质的增强、发病率的降低、平均寿命的延长等;社会类指标包括企业参与环保等社会公益活动情况,公众对企业环境信息公开的评价,为社会提供的环境教育计划或材料的数量,从社会调查获得的好评级别,各类环境纠纷规模和次数等。

4. 企业环保总投入指标选择

企业环保总投入界定的外延包括环境污染预防投资、日常管理投资及污染治理投资三部分。具体指标如环境预防投资指标包括建设项目环保"三同时"投资,环境监测设备投入,环保设备研发投入,产品节能降耗、有毒有害物质替代等方面的研发投入,环境友好产品研发费用,清洁生产的费用等;日常管理投资指标包括环保宣传费用、环保培训投入、环保公益捐赠、环境管理费用及绿化费等;污染治理投资指标包括防治污染、"三废"综合利用设备投入,污染治理设施运行所发生的费用等。

对企业环保投资效率评价指标体系指标初次选择进行进一步整理,采用表格的形式表示,结果如表 1(表 1 列示指标不包括具体指标,且对部分指标进行了归类整理)。

表 1　企业环保投资效率评价指标体系指标初次选择

总目标	子目标	准则层	子准则层	方案层
企业环保投资效率评价指标体系	企业环保投资总效益	企业环保投资经济效益	直接经济效益	节省创造收益
				产品销售收益
				减少公务履行节约的能源
				"三废"综合利用收益
			间接经济效益	环保补贴
				环保奖励，免除环保行政处罚
				环保各税负减少
				外单位环境赔款或本单位职工环保违规罚款
		企业环保投资环境效益	环境质量状况	水达标情况
				空气达标情况
				噪声污染状况
				土壤污染状况
				辐射污染状况
				生物多样性
			降污减排	"三废"减排量
				"三废"去除量
				"三废"排污达标比例
			节能降耗	单位产品能耗
				单位产品水耗
				单位产品材料消耗
				危险物品使用量的变化
			循环利用	可再生能源利用率
				能源、资源重复利用率
				"三废"综合利用率

续表

总目标	子目标	准则层	子准则层	方案层
企业环保投资效率评价指标体系	企业环保投资总效益	企业环保投资社会效益	企业员工环保投资评价	完善员工环境安全的方针计划
				职业病发生率
				员工满意度
			消费者环保投资评价	消费者满意度
				环保产品的销售量
			投资者环保投资评价	绿色投资者占企业投资百分比
			社区环保投资评价	企业参与所在社区环境活动方针及具体情况
				居民体质状况
				社区满意度
			社会环保投资评价	企业参与环保社会公益活动情况
				从社会调查获得的好评级别
				环境纠纷规模和次数
	企业环保总投入	环境污染预防投资	设备投入	建设项目"三同时"投入
				环境监测设备投入
			环保研发投入	环保设备研发投入
				环保技术研发投入
				一般产品研发投入
			清洁生产投入	
		日常管理投资	环保运营投入	环境管理体系建设投资
				环境管理日常费用
				环保监测费用
			环保管理其他投入	绿化费
				环保宣传、培训投入
				环保公益投入

续表

总目标	子目标	准则层	子准则层	方案层
企业环保投资效率评价指标体系	企业环保总投入	污染治理投资	设备投入	污染治理设备投入
				"三废"综合利用设备投入
			污染治理运行投入	人工投入
				物化投入

二 基于综合评价指标体系要求的指标优化

(一) 基于指标元素角度的指标优化分析

前文对企业环保投资效率评价指标体系进行了指标初次选择，形成了其"指标可能全集"。但是，初选只是给出了综合评价指标体系的"指标可能全集"，一般不是"充分必要的指标集合"（苏为华，2000）。因此，必须对初选的指标体系进行完善化处理。本小节基于指标元素角度对初选的指标体系进行优化，指标元素角度优化初选指标又分为指标单体测试优化和指标整体测试优化两个过程。

1. 指标单体测试优化

（1）基于单指标的内容合理性优化指标。导致一个评价指标不科学的因素有两类，其中一类就是借用一些现成的统计指标来充当评价指标，结构造成与评价目标不完全相符（苏为华，2000）。企业环保投资效率评价指标体系指标初次选择也有类似问题，比如，社区环保投资评价子准则层指标包括居民体质、平均寿命等指标，这些指标也受到企业周边环境、居民生活习惯、经济发展程度等综合因素的影响，如果用来反映企业环保社会效益有些牵强。针对上述描述指标应该予以剔除，从而保证所选指标具有充分合理性。

（2）基于单指标的操作可行性优化指标。综合评价学关于指标单体测试中的可行性测试指出，所需要的原始资料或次级资料需要及时取得、准确取得、经济取得，如果任何一个方面达不到要求，则该指标就无法付诸实施，就要寻找相关替代指标。企业环保投资效率评价指标体系指标初次选择中环境质量指标子准则层指标包括辐射状况方案层指标，这些方案层指标又包括热辐射、核辐射和电磁辐射等具体指标，但是这些指标并不具有普遍性，尤其是核辐射、电磁辐射具有明显行业特征，在搜集企业各社会责任报告及环保部门环境监测实践中很少有这些指标数据公布。因此，尽管这些指标具有重要性和必要性，但由于其不具操作可行性，需要做修正或者去除处理。

2. 指标整体测试优化

（1）基于指标间的一致性优化指标。综合评价学关于指标整体测试要求组成综合评价指标体系的所有指标相互之间在有关计算方法上不能互相矛盾（苏为华，2000）。不同层次的指标使用不同计算方法还算比较合理，但是同一层次的几个不同属性指标间若采用不同的计算方法，不仅会造成过程繁琐，也有可能形成不一致的结果等不利于评价的情况。比如，社会环保投资评价子准则层指标包括企业参与社会环保公益活动情况，从社会调查获得的好评级别和环境纠纷规模和次数等方案层指标，其中企业参与社会环保公益活动情况类指标属于描述性指标，从社会调查获得的好评级别指标属于等级指标，环境纠纷规模和次数属于数字量化指标。描述性指标和等级指标属于质量指标，而数字量化指标属于规模指标，企业间同时进行质量指标比较和规模指标比较时，就有可能出现质量指标比较表现为一种优劣顺序，而规模指标比较表现为另一种优劣顺序，造成指标评价上的矛盾情况。企业环保投资效率评价指标体系指标初次选择中有这种特点的子准则层指标，还有企业周边社区环保投资评价等子准则层指标。对这些子准则层指标间及各下属指标计算方法应做一致性优化处理，本书采取只选择一种属性指标进行比较的方法进行指标优化。

（2）基于指标间的必要性优化指标，减少方案层指标个数。关于综合评价指标体系指标的必要性测试，是指要求构成综合评价指标体系的所有元素从全局出发都必不可少，无冗余现象。在企业环保投资效率评价指标体系指标初次选择中存在着一些不太重要的指标，如间接经济效益子准则层指标包括外企业环境违规赔款和企业员工环保违规罚款等方案层指标。企业进行环保投资应该是以节能降耗、降污减排、能源资源综合利用为主要目的，为企业的可持续发展服务，而不是为了贪图获取外企业环境违规赔款、企业员工环保违规罚款等营业外收入。比如还有直接经济效益子准则层指标包括减少公务履行节约的能源方案层等也是类似情况。所以，在企业环保投资效率评价指标体系构建中，如果不是用来体现主要评价目的的那些指标就显得不那么必要，应在优化过程中予以去除或降为具体指标。

（二）基于指标体系结构的指标优化分析

从指标体系结构上看，初选指标体系的结构强调的是目标与概念的划分，没有体现指标之间数据上的亲疏关系与相似关系，且也未必符合特定综合评价方法的要求（苏为华，2000），即对于综合评价指标体系，结构优化非常重要。接下来，从以下几个方面展开企业环保投资效率评价指标体系结构优化。

1. 指标规模分析，适当简化指标个数

在企业环保投资效率评价指标体系指标初次选择数量中，仅方案层指标就达到50多个，并且有些方案层包括的具体指标也有

很多。比如，直接经济效益子准则层中节省创造收益方案层指标就包括各能源节省、水消耗节省及各材料节省等创造的经济效益，降污减排子准则层中"三废减排量"方案层指标包括废水减排量、废气减排量及固废减排量等（其余"三废"类指标均可以按废水、废气及固废分类），其中废气减排量又细分为二氧化硫减排量、二氧化碳减排量等。再比如，污染治理运行投入子准则层中物化投入方案层包括能源消耗、设备折旧、药剂费等。如此庞大的企业环保投资效率评价指标体系将使数据搜集、分析及整理过程变得非常复杂。而构建的综合评价指标体系在不失全面性的情况之下，应尽量减少体系中指标个数（苏为华，2000）。本书通过去除、归并等合理方式优化指标体系结构。

2. 指标体系层次"深度"与"出度"分析，合理设定"深度"与"出度"

企业环保投资效率评价指标体系指标初次选择形成的指标体系层次"深度"较大，多数指标包括具体指标层次多达6层。但是，层次过多会使评价问题的因素分析变得复杂化，而层次"深度"与"出度"（每一上层指标控制下层指标个数称为"出度"）之间又是相互制约的（苏为华，2000）。也就是说，面对当前形成的指标体系，如果仅仅减小层次"深度"就会加大指标体系"出度"。由于综合评价指标体系层次结构还要用于构权，根据经验，最理想的层次"出度"是4~6。对于一个初选的指标体系结构，若"深度"或"出度"不太合理，解决办法往往是通过归并或分割的方式进行优化（苏为华，2000）。企业环保投资效率评价指标体系指标初次选择结果是"深度"太大，为了在降低企业环保投资效率评价指标体系"深度"同时产生合理"出度"，可采用归并的方式进行优化，最终希望尝试构建的企业环保投资效率评价指标体系"深度"为5层（含具体指标层），"出度"不超过6。

3. 指标体系结构完备性优化分析，去除相互重叠、独立性不强的指标

如企业环保投资经济效益准则层包括节省创造收益方案层指标，而企业环保投资环境效益准则层包括单位产品能耗、单位产品水耗及单位产品材料消耗及能源、资源重复利用率等方案层指标。其实，企业在生产过程中如果单位产品消耗降低，则产品生产就会带来消耗的降低，即会带来节省创造收益效果，单位产品消耗指标与节省创造收益指标间独立性不强。这种情况在同是企业环保投资环境效益准则层间也有出现，如环境质量状况子准则层包括废水、废气及固废排放情况，而降污减排子准则层包括"三废"减排量、"三废"去除量等方案层指标。也就是说，企业产品生产或提供劳务过程中"三废"减排量的提高，或污染处理过程中"三废"去除量的增加，最终表现为企业及周边地区水、空气及土壤等环境质量的改善，所以"三废"减排量、"三废"去除量指标与水、空气等环境指标间独立性也不强，应该对这些相互重叠、独立性不强的指标采取归并处理，以达到企业环保投资效率评价指标体系结构完备的效果。

4. 企业环保总投入子目标层的层次分解可以简化为直接包含方案层

因为企业环保投资总投入本身就是可直接货币化的指标，分解比较容易，如果把企业环保总投入子目标层也分为准则层、方案层和具体指标层，会出现不少方案层所控制的具体指标数量为1（指标体系存在较多方案层指标"出度"为1）的情况，这不符合综合评价指标体系层次性原则。

经过指标元素和指标体系结构的指标优化过程，并通过调查

问卷形式征求企业环保投资利益相关者和部分专家的意见和建议[①]，最终确定的企业环保投资效率评价指标体系指标选择如表2。

表 2　企业环保投资效率评价指标体系指标

总目标	子目标	准则层	方案层
企业环保投资效率	企业环保投资总效益（A）	企业环保投资经济效益（A1）	直接经济效益（A11） 间接经济效益（A12）
		企业环保投资环境效益（A2）	水环境质量状况（A21） 空气环境质量状况（A22） 声环境质量状况（A23） 固废排放质量状况（A24） 生物多样性状况（A25）
		企业环保投资社会效益（A3）	消费者环保投资评价（A31） 投资者环保投资评价（A32） 社区环保投资评价（A33） 社会环保投资评价（A34）
	企业环保总投入（B）		环境污染预防投资（B1） 日常管理投资（B2） 污染治理投资（B3）

上述的企业环保投资效率评价指标体系中各指标经过了严格的综合评价指标体系构建的筛选过程，也汲取了前期大量的科学研究成果的精华，可以说其具有较强的科学性和合理性。但是，在具体应用实践中考虑到数据暂时无法获得，该指标体系的应用可能会有所调整，甚至会出现为了数据的获得不得不暂时放弃某些指标的情况。不过，随着我国对环境保护的进一步关注及信息现代化的发展，一些指标数据的获得由不可能获得会逐步变得可以获得。事实上，自2014年1月1日起企业必须将污染物排放浓

---

① "企业环保投资效率评价指标体系"调查问卷附后。

度等实测值公开。因此，笔者没有因为某些指标目前暂时无法获取而选择放弃，导致评价指标体系科学性的弱化。

第三节　企业环保投资效率评价指标体系建设

一　指标设计

企业环保投资效率评价指标体系中的指标设计问题主要是明确指标的概念、计算范围、计算方法、计量单位等内容。但是，指标设计还要充分考虑指标的形式与量化问题，这些问题甚至还会影响后续权重构造及合成模型的选择，这里一并加以研究说明。

（一）指标的形式与量化

1. 指标的形式

（1）数量指标与质量指标。一个综合评价指标体系究竟是由数量指标构成，还是由质量指标构成，或者二者兼有，应该取决于综合评价的目的（苏为华，2000）。如果是关于水平衡量的综合评价，其综合评价指标体系应该是由质量指标构成的，不能或尽量少使用数量指标。但如果是规模评价，则必须注意使用数量指标。企业环保投资效率评价指标体系属于对企业环保投资管理水平的评价，因此应避免数量指标的影响，如果不可避免选择数量指标，要对这些数量指标进行适当处理，使其体现出质量特征。

（2）正指标与逆指标。实践与理论表明，许多评价结论会受到指标正逆表现形式的影响（苏为华，1993），因此，分析正逆指标与综合评价的关系非常重要。企业环保投资效率评价指标体系的核心指标是效益和投入两种指标，其中效益指标是正指标，但有部分效益指标在指标体系中会表现为逆指标，如环境效益中的废水污染中的化学需氧量指标和废气污染中的二氧化硫浓度指标等，这些需要寻找合适的转换方法保证综合评价结果不受正逆指标的影响。

另外，指标形式的问题解决过程还要结合指标的同度量化进行，否则在具体的综合评价方法下还要重新考虑指标同度量化处理问题，不仅增加指标体系构建工作量，而且有可能造成指标变化前后不一致的情况。

2. 定性指标的度量

如果一个综合评价指标体系中的指标都是已经量化的，可以根据评价情况直接选择相应评价方法进行综合评价。但是，如果综合评价指标体系包含有定性指标，就需要首先考虑将定性变量转化为可以综合的定量变量，然后才能选择合适评价方法进行综合评价。也就是说，包含有定性指标的综合评价指标体系需要考虑定性指标定量化问题。

企业环保投资效率评价指标体系中环境效益分指标包括反映废水污染的化学需氧量指标、废气污染的二氧化硫浓度值、噪声污染中的声限值等。企业环保投资效率评价指标体系中社会效益分指标包含消费者满意度、社区满意度等程度指标。上述列述的指标都属于定性指标，因此需要考虑对这些定性指标如何定量化的问题。

定性指标定量化的方法有很多，根据量化时的具体对象不同，定性变量的量化方法可分为"直接量化法"与"间接量化法"两种。直接量化法包括直接评分法、尺度评分法、德尔菲法、模糊统计法等，间接量化法包括分类统计法、定性排序量化法等。并且，定性指标定量化不仅是指标量化问题，还体现了一种评价策略，甚至需要考虑评价心理活动因素等影响。如果某个层次甚至整个评价指标体系中定性指标特别多，则可以把定量指标分级转化为定性指标（定量指标定性化），最后再把综合定性指标转化为定量值。定性指标定量化这种"逆向思维"完全体现了评价中的策略思想。定性指标定量化还要考虑评价心理活动等因素影响。在对定性变量进行量化处理过程中，有可能涉及评价者的心理活动因素。如当采用"直接量化法"时，量化过程中定性变量越"模糊"，越缺乏必要的依据，则心理影响也越大，"评分不当"情况出现的可能性也越大（苏为华，2000）。因此，定性指标定量化中要想办法尽可能避免评价心理活动的影响，也就是说，要求企业环保投资效率评价指标体系中定性指标定量化过程中需要谨慎选择合理、有效的定量化方法。

3. 指标的无量纲化度量

（1）指标无量纲化的作用。关于指标无量纲化作用，可以通过效用函数综合评价的定义及无量纲化过程窥其一斑。效用函数评价方法是指将每一个评价指标按照一定的方法量化，变成对评价问题测量的一个"量化值"即效用函数值，然后再按一定的合成模型加权合成求得总评价值（苏为华，2000）。从上述描述中，可以总结出指标无量纲化至少表现出三方面的作用：对评价指标进行价值水平转化，消除指标量纲不同对评价目标的影响，为后续评价值的合成做铺垫。还可以从无量纲化过程的指标初始化方法中发现无量纲化的第四个作用：消除规模影响。因为指标初始化中如果采用合适的参考值，不仅可以消除量纲影响，也可以消除规模影响，比如用行业最高值减去行业最低值作为离差相对化公式中的分母，分子则使用企业实际值与行业最低值的差值。无量纲化的第四个作用对企业环保投资效率评价指标体系建设非常重要，因为需要消除"数量指标"对评价目标的影响。

指标同度量化不仅用于"效用函数综合评价法",其体现的这些作用具有普遍意义。因为,综合评价方法几乎都包括量化、加权、合成三部分,不同的只是各综合评价方法中量化函数名称和量化过程,比如模糊综合评价方法中的隶属函数其实与效用函数综合评价中的无量纲化函数是完全相似的,隶属函数可以看作一种效用函数;灰色系统分析法的白化函数其实就是一种无量纲化方法,因此灰色系统分析法完全可以看作"效用函数平均法"的一种;神经网络系统法或遗传算法本质上还是"无量纲化结果的加权非线性合成"(苏为华,2000);甚至更进一步,如果将多元统计方法抛开其权数构造过程,多元统计综合评价模型也可以视作效用函数综合评价方法的一种形式(苏为华,2000)。

(2)无量纲化方法的选择。关于指标无量纲化方法选择问题,需要明确两点:一是同一综合评价指标体系可以采用不同综合评价方法中的同度量化方法,二是在采用同一综合评价方法的指标中也会采取不同的同度量化函数。

不同综合评价方法具有不同的同度量化方法,但这并不影响同一个综合评价指标体系采用不同的无量纲化方法。

无量纲化函数形式取决于具体评价指标的变动性质,没必要要求同一个指标体系中的所有指标必须采取同一种无量纲化函数形式。也就是说,一个评价体系中采用了多种不同类型的无量纲化函数本来就很平常。

在企业环保投资效率评价指标体系中同属于环保投资效益分指标又包括经济效益、环境效益和社会效益等子指标,这些子指标的原始值具有不同特点:经济效益子指标表现为"数量指标",环境效益子指标则表现为"数量指标""程度指标"等,社会效益也表现为"数量指标"和"程度指标"并存的特点。解决这些指标不同的方法除对指标优化外，还需要通过不同的无量纲化方法处理，如"数量指标"采用效用函数综合评价中的无量纲化函数法，"程度指标"可以采用模糊综合评价中的隶属函数法等。

同一综合评价方法中也可以使用不同的同度量化函数，如效用函数综合评价方法中的同度量化函数有递增型、递减型、常数及混合型等，再比如模糊综合评价方法中的隶属函数包括有模糊统计法、增量法、多相模糊统计法、相对比较法、对比平均法、函数法（模糊分布）等（汪培庄、李洪兴，1996）。所以，虽然在综合评价指标体系中某层指标采用同一综合评价方法中的同度量化函数，但具体指标的变动对评价目标的价值水平变动贡献不同，为了更真实表现出具体指标与评价目标间的变动关系，需要相应选择合适的同度量化函数。也就是说，采用同一综合评价方法的指标采取不同的同度量化函数也非常正常的。

（3）无量纲化方法选择影响分析。企业环保投资效率评价指标体系中指标形式多种多样，如包括"数量指标""程度指标"等，要根据具体指标形式选择不同综合评价方法中的同度量化方法。但是同一形式指标变动也可能产生评价目标价值水平的不同变动，即需要分析同一形式的各指标与评价目标价值具体关系，从而选择合适的同度量化函数。

以企业环保投资效率评价指标体系中的环保投资效益的子指标为例：环保投资经济效益子指标基本表现为"数量指标"，适合效用函数综合评价方法进行同度量化。环保投资环境效益和环保投资社会效益子指标由于较多表现为"程度指标"，采用模糊综合评价方法进行同度量化比较合适；基于环保投资效益层面，其控制的三个子指标也要按一定方法同度量化。环保投资环境效益指标大多是"程度指标"，其对企业环保投资效率的价值贡献开始大致表现为线性递增，但当所有环境效益控制指标达到最高值后将保持不变，用函数则表现为一个线性递增函数加常数函数的混合形态。环保投资社会效益虽然同环保投资环境效益指标类似，但其变化过程有不同之处，限于利益相关者等各方的压力，企业环保投资社会效益开始缓慢增长，但如果企业环保投资高于其他企业，则利益相关者对其赞誉会大幅上升，即企业环保投资社会效益会快速上升，当利益相关者对企业环保投资的评价达到一定程度后再上升就会又趋于缓慢，所以用函数表示则为正 S 型递增形态。因此，需要对企业环保投资效益的三个子指标合成前采取不同的同度量化方法。

总之，企业环保投资效率评价指标体系构建中各层指标同度量化方法要根据实际情况选择，不必拘泥于"一刀切"的思想。当然，指标合成模型也是设计或选择无量纲化函数时应该考虑的因素。

（二）指标的设计

1. 企业环保投资经济效益指标设计

在企业环保投资效率评价指标体系构建中，企业环保投资经济效益准则层指标可分解为直接经济效益和间接经济效益两个方案层指标，但对这两个方案层指标需要进行专门设计。

前文对直接经济效益和间接经济效益的概念已有描述，不再赘述。这两个方案层指标同企业环保投资总投入子目标层所控制的三个方案层指标的计算总体范围相同，笔者主张指标只涵盖企业本部范围，以便与企业环保投资环境效益和企业环保投资社会效益保持一致，界定企业环保投资效率评价指标体系中所有指标的时间范围均为一个财政年度。如前所述，直接经济效益方案层指标包括但不限于资源的使用节省，环保产品的销售收益，"三废"综合利用产品产值等具体指标，另外实践中公开披露的符合直接经济效益内涵的其他指标也应该加以统计。由于直接经济效益指标采用货币量化，其包含的具体指标可以直接合并计算。间接经济效益包括但不限于免受环境行政处罚、免交超标排污收费，投资项目的环保功能使得环境税收和排污费的减少、相关利息节税，由于企业环保获得的政府环保方面的补贴、奖励等具体指标，其余情况同直接经济效益。

2. 企业环保投资环境效益指标设计

企业环保投资环境效益准则层指标包括的各方案层指标可以直接借鉴采用实践中相应的指标内容。根据相关研究文献，实践评价环境质量状况指标有两类：环境质量等级状况和环境质量达标状况。环境质量等级状况指标在进行企业环保投资效率评价时优于环境质量达标状况指标，理由有如下五个方面。

（1）各指标的达标情况会形成二值数据，即达标或不达标。这样的数据区分度不强，不利于较多单位环保投资效率评价。

（2）环境质量等级状况是综合指标，而环境质量达标状况大多是针对某一个指标或某一类污染物，综合性不强，如果按环境质量达标状况指标全部反映，则会出现具体指标激增情况。如空气质量等级状况可用空气质量指数表示，如果用环境质量达标状况表示，则需分别表述二氧化碳、二氧化硫、粉尘等多项达标指标，不利于空气质量状况方案层指标的评价。

（3）环境质量等级状况指标避开了行业等特征影响，便于跨行业企业间的环境质量比较，而环境质量达标状况指标难以完成该任务。以黑色金属冶炼及压延加工行业和电力、热力的生产和供应业为例，这两个行业排放的气体污染物不同，黑色金属冶炼及压延加工行业排放的废气主要表现为烟粉尘，而电力、热力的生产和供应业排放的废气主要表现为二氧化硫和氮氧化物。如果这两个行业间企业在环境效益方面比较时用达标值比较，很可能就会出现烟粉尘达标与二氧化硫、氮氧化物达标对比的尴尬现象。但这些废气指标都可以纳入空气质量指数等级指标中，并且空气质量指数的内梅罗思想可以实现不同废气排放指标进行环境效益比较的效果。

（4）采用环境质量等级状况指标可以简化指标体系层次，如果方案层指标的"出度"指标为1，就可以直接把方案层指标降为具体指标层次。

（5）采用环境质量等级状况方便后续的指标量化过程，也便于后续综合评价合成模型的选择。

当然，在比较不同企业废气污染排放产生的环境质量状况中，如果使用污染物排放浓度实测值衡量效果会更好，因为这种数据体现的是一种比值关系，是相对化数据，除不受行业限制外，还避免了规模带来的影响。只要企业公布了相同的污染物浓度实测值，就可以即刻比较其环境效益。只是这种数据原来在企业各种公开的信息中很难获取，限制了该方法的运用。我国环保部于2013年7月30日公布的《国家重点监控企业自行监测及信息公开办法》给使用该方法提供了契机，本书构建的企业环保投资效率评价指标体系就尝试使用污染物排放浓度实测值作为企业环保投资环境效益指标。

3. 企业环保投资社会效益指标设计

企业环保投资社会效益指标就是考虑与企业外部利益相关者对企业环保投资效果的评价方式。根据评价实践，企业环保投资社会效益指标大多采用非价值形态的指标，这符合构建企业环保投资效率评价指标体系要定性指标与定量指标相结合的原则。但是，其各方案层指标包括多种非价值类型的具体指标。多类型指标在合成评价中比较繁琐，比如社会类方案层指标包括企业参与环保等社会公益活动情况，公众对企业环境信息公开的评价，为社会提供的环境教育计划或材料的数量，从社会调查获得的好评级别，各类环境纠纷规模和次数等具体指标。这些指标有的是描述性指标，有的是等级量化指标，有的是数字量化指标。这种类型多变的具体指标在合成评价中确实难以处理，多类型指标中有的具体指标明显受规模或行业特征影响，比如消费者类方案层指标包括环保产品的销量具体指标，大规模企业的环保产品销量可能会比较小规模企业的环保产品销量要大，但大规模企业获得的消费者环保投资评价不一定比较小规模企业的消费者环保投资评价高。

非价值形态指标采用模糊等级评价思想合成是一种比较好的合成方法，但是多类型指标不利于非价值形态的指标形成稳定的模糊评语等级。如社区类方案层指标包括企业参与所在地区环境保护的方针及计划，企业与社区及公众开展环境交流活动情况等具体指标，这些指标很难形成很好的模糊评语等级，因为如何划分企业环境交流活动水平就是一个大问题。

综合看来，各方案层指标采用满意度等级评价指标比较合适，该指标实践中也时常出现，不受规模、行业特征影响，也比较适合采用模糊合成评价模型，并且与企业环保投资环境效益指标相同，这种做法也可简化指标体系层次深度。

总之，根据特定的企业环保投资利益相关者采用环保投资满意度等级评价指标作为其具体指标。需要强调的是，这里的满意度数据并不直接采用企业在各种社会责任报告中公开的利益相关者满意度评价，而是根据具体研究情况，设计合适的评语等级，以合理量化各社会效益指标。

4. 企业环保投资总投入指标设计

企业环保投资总投入子目标层指标包含环境预防投资、日常管理投资及污染治理投资等方案层指标，这些指标也需要进行专门构造。与直接经济效益和间接经济效益方案层指标相比，不同之处仅在于各方案层包含的具体指标，其余指标设计思想均同直接经济效益，这里略过。

关于企业环保投资总投入中各方案层指标的计算内容，环境污染预防投资指标包括但不限于建设项目环保"三同时"投资，环境监测设备投入，环保设备研发投入，产品节能降耗、有毒有害物质替代等方面的研发投入，环境友好产品研发费用、清洁生产的费用等具体指标；日常管理投资指标包括但不限于环保宣传费用、环保培训投入、环保公益捐赠、环境管理费用（包括环境监测、环境管理体系制度建设、环境管理日常费用等）及绿化费等具体指标；污染治理投资指标包括但不限于"三废"综合利用设备投入，污染治理设施运行所发生的费用（包括能源消耗、设备折旧、设备维修、人员工资、管理费、药剂费及与设施运行有关的其他费用）等具体指标。需要注意的是，为方便统计起见，实际公开披露的均不符合环境污染预防投资及污染治理投资内涵，也不把上述两类指标列述范围内的企业环保投资数据计入日常管理投资指标范畴。

二　权数构造

（一）构造方法选择

权数构造即权重确定与分配，是评价指标体系设计中的关键步骤，对于客观、真实地反映评价对象实际及达到评价目标要求等起着重要作用。指标权重计算可由专家小组根据经验对各项指标重要程度的认识来确定权重，也可以借助专门的方法来确定。

权数构造是多指标综合评价中的一个重要因素。权数不仅体现了评价者对评价指标体系中单项指标重要性的认识，也体现了评价指标体系中单项指标评价能力的大小（苏为华，2000）。权数构造的重要性还体现在其理论与方法可独立于各综合评价方法，形成的重要理论在综合评价方法中具有普遍适用性，甚至有些权数构造方法本身就拓展成了一种独特的综合评价方法，如层次分析法（AHP）也可以作为一种独立的综合排序评价使用（和金生等，1985；许数柏，1988；施建军，1992；等等）。

综合评价中权数构造方法有很多，简单构权方法如层次分析法构权法（AHP）、环比构权、方差信息构权、熵权法等，复杂构权方法如专家群组构权、对象分层构权、因素分层构权等。

实践中，简单构权方法如层次分析法，复杂构权方法如专家群组构权法等均有广泛运用。但要注意的是，不同的构权方法有着不同的经济含义与数学特点，需要根据应用实际选择合适的构权方法。比如在多指标综合评价实践中，可能会出现这种情况：当某单项评价指标达到一定水平值时，其"重要性"就相应减弱；或反过来，当某单项评价指标达不到一定水平值时，其"重要性"就逐渐增大。这时就应该注意这种权数与指标评价值相关联的情况并选择合适构权方法。

关于企业环保投资效率评价指标体系权数构造，既要注意权数构造的简单化，又要注意指标体系的特殊性。比如综合指标会由于某单个指标出现"极端恶化"，这在环境问题中经常出现，权数构造中应该体现出这种"惩罚"权重思想。再比如，社会效益子指标中包含了各利益相关者对企业环保投资的评价指标，为了鼓励企业环保投资，需要采用带有"激励"性质的权数构造方法。解决这些特殊性，采用变权综合分析方法构权或许是一个较好的思路。这里采用定性与定量相结合的层次分析法（AHP）。

层次分析法是目前确定权重广为应用的定性与定量相结合的方法，它将复杂问题分解成若干个递进层次，并通过两两对比确定目标的相对重要性即权重。该方法有很多优点，如其具有系统分析思想、简单实用，多用于定性定量化分析等（陈慧，2011）。

总之，层次分析法比较适合企业环保投资效率评价指标体系中的指标权重设计思想。

（二）指标权重计算

运用层次分析法确定指标权重的具体步骤包括：一是重要程度划分，即根据各个测评指标的相对重要性来确定权重，通过对测评指标进行两两比较，将复杂无序的定性问题进行量化处理。二是构造判断矩阵，即对同一层次的各元素按照上一层次中某一准则的重要性进行两两比较，即可得到判断矩阵。三是计算权重系数，即根据判断矩阵求出其对于准则的相对权重系数。四是一致性检验。

1. 重要程度划分

层次分析法运用的一个重要基础就是在指标体系内要根据一个或多个准则对同一层次的指标进行两两重要程度判断，从而根据其指标相互重要性最终形成各指标的权重。

萨迪教授首先提出了一种重要程度划分思想：1~9比例标度法，即把指标间两两比较的重要程度分为同样重要、稍微重要、明显重要、强烈重要及极端重要等类别，并分别按1、3、5、7、9赋值，2、4、6、8则表示上述相邻判断的中间值。

1~9比例标度法是根据一些客观事实和一定的科学依据而制

定的。当被比较的事物在所考虑的同一个属性方面具有同一个数量级或很接近时，定性的区别才有意义，也可以保证一定的精度；在估计事物的区别性时，用五个属性就可以很好地描述：相同、较强、强、很强、绝对强。在需要更高精度时就可以在五个相邻判断值之间比较，这样就产生了九个数值。心理学认为，在同时进行比较时，7±2 个项目为极限，如果取 7±2 个元素进行逐对比较时，它们之间的差别就可以用九个数字表示出来。因此，1~9 比例标度法自提出后至今仍有极广泛的应用。

但是，该方法随着综合统计技术的发展其弊端也逐渐显现出来，不断有学者对其思想及应用提出质疑，如层次分析法原理要求比较判断数值为因素之间的重要性之比，而"1~9"比例标度给出的却是因素间重要性之差。这一方面引起相对权重的计算结果失真，另一方面导致判断矩阵一致性与判断思维一致性不等价，使矩阵一致性指标不能真正反映思维一致性程度（舒康、梁镇韩，1990）。我国研究学者因此在标度问题上产生了持久的讨论，并提出了各种不同的标度方法，如 0~2 三标度法（左军，1988；徐泽水，1997）、-2~2 五标度法（徐泽水，1998）、指数标度法（舒康等，1990；侯岳衡等，1995），以及各种分数标度法（汪浩等，1993；郭鹏，1995）等。

有学者对上述各种标度法进行了比较分析，但最终的结论并不统一，如有学者支持指数标度法（侯岳衡等，1995），徐泽水（2000）认为分数标度法更好。骆正清、杨善林（2004）从标度的保序性、判断一致性、标度均匀性、标度可记忆性、标度可感知性及标度权重拟合性等方面对各种标度进行了整体比较，形成了对各标度法的总结性判断，认为各标度法互有优缺点，在不同的条件及精度要求下，应选择不同的标度法进行层次分析。

鉴于上述对重要程度确定的研究分析，本书分别采用 1~9 萨迪标度法、$e^{0/5}$ ~ $e^{8/5}$ 指数标度法、10/10 ~ 18/10 标度法对企业环保投资效率评价指标体系中的指标进行了重要程度判断，并利用一致性检验结果，最终确定采用 $e^{0/5}$ ~ $e^{8/5}$ 指数标度法进行指标重要程度判断。

2. 构造判断矩阵

重要程度划分为判断矩阵的形成提供了重要条件。判断矩阵具有以下特征：判断矩阵是方阵，其主对角线上元素为 1，假设判断矩阵元素为 bij，则有 bij > 0，bji = 1/bij，i，j = 1，2，…，n。

判断矩阵的估计关系决策的质量，在实务中判断矩阵所需数据常采用所研究问题的学术专家、企业界的相关技术专家和财务方面专家等各专家打分取平均值的方法来得到。另外，专家人数的设定也很重要，因为专家人数太少，不足以排除个人主观因素的干扰；专家人数太多则容易意见分散，影响判断矩阵的一致性，一般在 10~50 人较好（颉茂华，2009）。

笔者约请了企业环保投资研究方面的学术专家 8 人（研究企业环保投资的会计领域专家 5 人、环境保护领域专家 3 人），各行业的企业环保部门专职人员 10 人，企业财务总监 7 人共 25 人形成专家组，对这 25 人做企业环保投资效率评价指标层次分析问卷调查[1]，形成了判断矩阵的数据来源，并结合 $e^{0/5}$ ~ $e^{8/5}$ 指数标度法最终形成了企业环保投资效率评价指标体系的判断矩阵。

3. 进行指标权重计算

计算权重系数有了判断矩阵就可以进行指标权重计算了，这个步骤比较简单，常用的计算权重系数的方法是方根法，具体步骤是：

---

[1] 相关调查问卷附后。

（1）计算判断矩阵每一行元素乘积；（2）计算 n 次方根；（3）确定权重系数；（4）对所得到的权重系数进行归一化处理后，即可作为评价指标体系各指标权重。为进一步简单运算，本书采用了列和法计算指标权重，即首先对判断矩阵的列归一化形成列归一化权值向量矩阵，然后再对该向量矩阵的行求和并做归一化处理，归一化值即是所求的权重值。该方法得出的权重与精确计算得出的权重几乎一致，但更容易使用。

4. 一致性检验

计算得出的权重最后还要经过一致性检验。判断矩阵 B 的元素具有传递性，即满足等式：$b_{ij} * b_{jk} = b_{ik}$。当此公式对于 B 中所有元素均成立时，判断矩阵 B 称为一致性矩阵。实践中一般并不要求判断矩阵满足这种传递性和一致性。然而，要求判断矩阵满足大体上的一致性是必要的，如果判断矩阵一致性满足不了要求，其可靠程度也会受到影响，因此需要对判断矩阵的一致性进行检验。

一致性检验过程如下：（1）计算判断矩阵最大特征值 λ，这里先是通过判断矩阵与权重向量相乘计算得出权重矩阵列向量，然后用权重矩阵列向量对应除以之前计算得出的权重向量，再对商进行简单平均即得矩阵最大特征值 λ；（2）计算一致性指标 CI 值，$CI = (\lambda - n) / (n - 1)$，CI 值的大小决定了判断矩阵一致性的强弱，一般来说，CI 值大说明判断矩阵一致性较差；（3）平均随机一致性标准，一致性偏离有偶然因素，所以确定判断矩阵的一致性，需要将判断矩阵的 CI 值与 RI 值相比较，RI 值如表 3 所示（颉茂华，2009）；（4）计算一致性比率 CR，$CR = CI/RI$，CR 值的计算以 0.10 为临界值，小于 0.10 表示判断矩阵一致性在容忍范围内，大于 0.10 则说明判断矩阵一致性差，通过该判断矩阵得出的结果可信度不强。依据满足一致性要求的判断矩阵确定的权重将作为评价指标体系中计算指标综合分数的依据（颉茂华，2009）。

表3 平均随机一致性指标 RI 值

阶数	1	2	3	4	5	6	7	8	9	10
RI	0.00	0.00	0.58	0.90	1.12	1.24	1.32	1.41	1.45	1.49

经过上述过程形成的企业环保投资效率评价指标体系中的各指标判断矩阵、权重及一致性检验如表4至表8所示。

表4 企业环保投资总效益判断矩阵、权重及一致性检验

企业环保投资总效益评价指标（A）	经济效益分指标（A1）	环境效益分指标（A2）	社会效益分指标（A3）	列归一化后行求和	行求和归一化权重（WO）
经济效益分指标（A1）	1.00	1.73	1.45	1.33	0.44
环境效益分指标（A2）	0.58	1.00	0.99	0.81	0.27
社会效益分指标（A3）	0.69	1.01	1.00	0.86	0.29

一致性检验：$\lambda_{MAX} = 3.00313$，$CI = 0.00157$，$RI_3 = 0.58$，$CR = 0.002 < 0.1$ 满足要求。

表5 企业环保总投入判断矩阵、权重及一致性检验

企业环保投资总投入指标（B）	环境污染预防投资（B1）	日常管理投资（B2）	污染治理投资（B3）	列归一化后行求和	行求和归一化权重（WO）
环境污染预防投资（B1）	1.00	2.11	1.46	1.39	0.46
日常管理投资（B2）	0.47	1.00	1.48	0.86	0.29
污染治理投资（B3）	0.69	0.68	1.00	0.75	0.25

一致性检验：$\lambda_{MAX} = 3.06445$，$CI = 0.03222$，$RI_3 = 0.58$，

CR = 0.056 < 0.1 满足要求。

表6　企业环保投资经济效益判断矩阵、权重

企业环保投资经济效益指标（A1）	直接经济效益（A11）	间接经济效益（A12）	列归一化后行求和	行求和归一化权重（WO）
直接经济效益（A11）	1.00	1.67	1.25	0.63
间接经济效益（A12）	0.60	1.00	0.75	0.37

表7　企业环保投资环境效益判断矩阵、权重及一致性检验

企业环保投资环境效益指标（A2）	水环境质量状况指标（A21）	空气环境质量状况指标（A22）	声环境质量状况指标（A23）	固废排放质量状况指标（A24）	生物多样性质量状况指标（A25）	列归一化后行求和	行归一化后权重
水环境质量状况指标（A21）	1.00	2.02	2.67	1.25	2.29	1.62	0.32
空气环境质量状况指标（A22）	0.49	1.00	1.72	1.22	2.12	1.10	0.22
声环境质量状况指标（A23）	0.37	0.58	1.00	0.96	0.90	0.68	0.14
固废排放质量状况指标（A24）	0.80	0.82	1.04	1.00	1.67	0.97	0.19
生物多样性状况指标（A25）	0.44	0.47	1.11	0.60	1.00	0.63	0.13

一致性检验: $\lambda_{MAX} = 5.08046$, $CI = 0.02011$, $RI_3 = 1.12$, $CR = 0.018 < 0.1$ 满足要求。

表8 企业环保投资社会效益判断矩阵、权重及一致性检验

企业环保投资社会效益指标（A3）	消费者环保投资评价指标（A31）	投资者环保投资评价指标（A32）	社区环保投资评价指标（A33）	社会环保投资评价指标（A34）	列归一化后行求和	行归一化后权重（WO）
消费者环保投资评价指标（A31）	1.00	1.32	2.22	1.18	1.34	0.34
投资者环保投资评价指标（A32）	0.76	1.00	1.01	0.95	0.90	0.22
社区环保投资评价指标（A33）	0.45	0.99	1.00	1.06	0.82	0.21
社会环保投资评价指标（A34）	0.85	1.05	0.94	1.00	0.94	0.23

一致性检验: $\lambda_{MAX} = 4.04827$, $CI = 0.01609$, $RI_4 = 0.90$, $CR = 0.018 < 0.1$ 满足要求。

三 指标体系合成模型

（一）合成模型选择

不同的综合评价方法其合成模型也不同，综合评价实践中要结合评价目标、指标量化方法、权数构造及评价标准等选择合适的合成模型，力图采用合成模型具有共性、合成过程易于分解、功能强大且有利于解决复杂问题的综合评价方法进行合成。

结合指标量化和权数构造环节考虑合成模型，可以把综合评价方法分为两类：一类是不考虑构权直接利用特定指标量化方法进行合成评价，如神经网络（ANN）和数据包络分析（DEA）等；第二类是根据特定指标量化及权数进行合成评价，如效用函数评价、模糊综合评价、灰色关联度综合评价、层次分析评价及多元统计评价等。

在第一类方法中，神经网络方法没有"显式"评价模型，其排序评价只适用于通过专家方法获取总评价值的情形（苏为华，2000）。数据包络分析方法也有明显的不足，如只适合拥有相同投入、产出要素的投资效率评价，样本构成对评价结论的影响很大，且其排序评价不具"充分性"（苏为华，2000）。在第二类方法中，如果按照权数的形成方式又可细分为利用自然权数合成（如多元统计评价等）和人工权数合成（如效用函数评价、模糊综合评价、灰色关联度综合评价、层次分析评价等）。

企业环保投资效率评价指标体系构建没有现成的权数，需要遵循一定标准主观确定指标权数，因此，这里主要关注人工权数合成的综合评价方法。

采用人工权数的综合评价方法中，效用函数综合评价法是一种非常实用、有效的综合评价方法，与其他综合评价方法相比较，效用函数评价法拥有较多优势，如合成过程易于分解，效用函数评价法的评价过程各环节之间没有信息传递关系，各环节都有众多的方法可供选择，这些方法可以进行多方位的组合，便于结合其他综合评价方法的优点；其评价效率或准确性与很多带有数学推导的模型结果相差无几。并且从理论上讲，效用函数综合评价方法的内容最为丰富，完全能够根据综合评价实践调整组合解决复杂问题。另外，效用函数综合评价合成结果直接表现为效用函数值，非常方便排序评价。

效用函数综合评价的诸多优点使得本书有理由以效用函数综合评价方法中的合成模型为主，辅以其他评价方法的合成模型完成对企业环保投资效率评价指标体系的各层指标的合成过程。

（二）合成模型应用

由于企业环保投资效率评价指标体系中指标合成前均做了百分值量化，所以采用简单、实用的效用函数合成评价方法是非常好的选择。

企业环保投资效率是企业环保投资产生的包括经济效益、环境效益和社会效益在内的综合效益与包括环境污染预防投资、日常管理投资和污染治理投资在内的企业环保总投入的比值。在企业环保投资总效益计算中，虽然企业比较重视企业环保投资产生的经济效益，企业环保投资外部利益相关者更关注企业环保投资产生的环境效益和社会效益，但是总体看来这些效益之间并没有互斥关系，各效益间呈现互为补偿关系，因此这里的合成模型选择了简单的加权平均合成模型，而企业环保总投入指标的合成过程可效仿企业环保投资总效益合成模型。

企业环保投资效率评价指标体系的准则层模型合成分为两类，一类是企业环保投资经济效益指标采用的合成模型，另一类是企业环保投资环境效益指标和企业环保投资社会效益指标采用的合成模型。企业环保投资经济效益指标中各细分指标间具有内在逻辑关系，互为补偿关系，因此采用加权平均合成；企业环保投资环境效益指标和企业环保投资社会效益指标中各细分指标是按不同角度或侧面区分，之间没有内在逻辑关系，并且在环境效益和社会效益评价实践中经常体现出一些"奖惩"原则，因此具有"惩罚落后"思想的几何平均及具有"鼓励先进"思想的平方平均合成模型就是较好的选择。由于受几何平均合成法要求数据条件较高（比如指标数值不能为0等）的限制，因此这里的合成模型选择了"鼓励先进"的平方平均合成模型，在我国企业环保投资效率不高的现状下，采取具有鼓励思想的模型似乎更有意义。

第四节　企业环保投资效率评价指标体系应用条件

一　评价标准的确定

一个规范的综合评价指标体系应该有可行的评价标准，而评价标准的确定是为更好实现评价目标。本书构建的企业环保投资效率评价指标体系的总目标是实现可持续企业价值的提升，同时为企业投资者评价经营者业绩提供依据，也是为资本市场利益相关者提供决策依据，实现资本市场资金从环保投资效率较低企业流向较高企业，充分发挥资本市场在资源配置中的主体作用。

企业价值理论中的收益折现模型认为，企业价值受到企业面临的风险、承担的成本及创造的经济效益等因素影响，而企业环境管理活动可以降低企业风险、资本成本，增加企业经济效益，企业环保投资活动是企业环境管理活动的重要内容，即企业加强环保投资管理、提高企业环保投资效率可以增加企业价值。因此，这里用企业价值作为企业环保投资效率评价指标体系的评价标准是理想的结果。

由于企业环保投资效率评价指标体系并没有与企业价值建立

直接联系，本书通过衡量企业环保投资效率的高低实现间接判断企业价值的高低。另外，企业环保投资效率是可以用于排序的量化值，这也与我国学者在构建环境保护投资效率评价指标中采用的排序评价标准比较符合。通过企业环保投资效率进行排序评价也比较适合于样本数量较多的情况，如果使用分类评价指标（如评等级），在样本量很大的情况下会出现较多等级相同的样本，如何区别相同等级的样本间环保投资效率值又是一个同样复杂的问题。

二　评价主客体的确定

我国的企业环保投资效率评价指标体系应适合我国社会经济发展以及资本市场要求。其评价主体主要是我国企业管理者和资本市场投资者等，当然政府也可以参考使用该指标体系。企业通过该体系可以挖掘企业环保投资带来的经济效益，进一步重视企业环保投资，可以发现企业投资管理问题，并进而调整企业生产投资、提高生产工艺，促进企业经济效益提高并最终推动我国社会经济发展。投资者通过该体系发现资本市场中管理业绩较好的企业并投资，推动资本市场资金向管理业绩好的企业流动，从而充分发挥资本市场的调节作用。政府部门可以借助该体系制订相应规章、制度，给社会经济健康发展、资本市场良好运转提供宏观层面支撑。

关于评价客体，虽然西方组织、发达国家发布的各"指南"均希望指标评价面向所有企业，不分规模、行业、大小。考虑到我国实际，企业环保投资效率评价指标体系可暂时用于我国已上市企业（不分行业、规模），因为这些企业占据了我国较大市场经济份额，决定了我国的社会经济发展方向，也是我国企业环保投资问题的主要方面。另外，我国上海证券交易所于 2008 年发布《上海证券交易所上市公司环境信息披露指引》，使得上市企业环保数据较其他企业容易获取。随着 2009 年中国社科院发布《中国企业社会责任报告编写指南》，2011 年我国环境保护部发布《企业环境报告书编制导则》，以及 2013 年我国环境保护部强制要求国控企业公开企业污染源自测性数据，企业环保数据会进一步公开，企业环保投资效率评价指标体系的评价客体也会逐步扩大，企业环保投资效率评价指标体系最终有可能面向所有企业，不分规模、行业、大小。

三　评价范围的确定

至于评价范围，本书尝试建设企业环保投资效率评价指标体系，应该把握可操作性，尽量降低数据搜集难度，评价范围限制到企业控制的范围，这里只界定到企业总部，因为这样会使得评价效果更直接。关于评价周期，主张定期评价，正如《框架指南》所列举的定期评价有较多的好处，当然在后续研究中期望采取措施尽量减少定期评价带来的不足。

总之，在遵循综合评价指标体系构建的一般原则基础上，借鉴既往相关研究成果并结合研究内容分析、整合评价指标，选择合适方法确定各层指标权重，并采用科学的模型合成，并合理界定诸如评价标准、评价主客体、评价范围及周期等。经过上述的环节才有可能形成科学、合理、有效的企业环保投资效率评价指标体系，当然该评价指标体系在应用前还需要经过进一步细致的应用检验，这也是下一章着力解决的问题。

| 第五章 |

企业环保投资效率评价指标体系应用效果分析

前述部分已完整构建了企业环保投资效率评价指标体系，但一个真正科学、合理、有效的综合评价指标体系需要经过一系列的严格检验，并能在具体应用中发挥作用，本章将着重于企业环保投资效率评价指标体系的检验及应用研究。

第一节　理论分析

根据既往国内外相关资料，尚没有形成具体企业环保投资效率与企业价值关系假说，也没有该方面的经验证据研究文献。本书通过企业价值理论中的现金流量折现评估思想及企业环境管理相关理论建立研究企业环保投资效率与企业价值关系的理论基础。

企业环境管理影响企业价值关系基础来自企业价值理论，在企业价值评估方法中，现金流量折现模型是当前最为流行的企业价值评估方法，该模型起源于艾尔文·费雪的资本价值理论，认为资本的价值实质上是未来收入的折现值。莫迪格莱尼和米勒在20世纪50年代末及60年代初对费雪的现金流量模型做了进一步研究，强调了企业未来收益的不确定性及使用企业加权平均资本成本作为收益的折现率。至此，企业价值评估的收益现值法确立了完整的理论框架（朱锡庆等，2004）。企业价值评估的收益现值法强调了企业价值不仅受到企业未来经济收益及其不确定性（风险）的影响，而且还会受到作为折现率的资本成本的影响。企业环境管理可以在企业环境风险水平、资本成本、经济收益等方面给企业带来重要影响，从而进一步影响企业价值。

传统风险管理理论将企业风险管理动机建立在期望效用模型基础上，假设公司和个人具有相同的风险偏好，股东最关心的是持有企业股票的价值，根据期望效用原则，如果企业能够代表股东对风险进行管理，则会增大股份的价值。这种风险管理理论后来受到了质疑，如企业财务管理中著名的 MM 定理认为，企业价值仅产生于公司的实际投资活动，资本结构、股息分配等财务政策不改变企业价值，企业的风险管理对公司的价值也不产生任何影响。然而，真正市场与 MM 定理的假设条件并不相符，税收、摩擦、信息不对称以及代理等因素都会产生风险，这样，公司层面的风险管理能够增加公司价值（Linsa K，2002）。企业风险管理增大企业价值突出表现在可以降低企业财务困境成本和非系统性风险等方面（傅亚平，2006）。

一　基于环境风险管理的企业资本成本分析

Mark P. Sharfman 和 Chitru S. Fernando（2007）在考察企业环境风险管理与资本成本关系时，认为企业的资本成本是企业价值评估十分重要的一个决定因素。一般情况下，资本成本较低的企业的估价高于资本成本较高的企业的估价。企业资本成本包括债务资本成本和权益资本成本两部分，企业环境风险管理对这两种成本都有显著影响。

（一）企业环境风险管理对债务资本成本的影响

企业主要通过提高环境风险管理水平从而降低未来生产经营活动的不确定性和提高财务杠杆比率两方面降低企业债务资本成本。企业的债务资本成本以资本市场对企业违约风险的评估为基础（Miller、Bromiley，1990；Orlitzky、Benjamin，2001）。企业的违约风险是其未来活动的不确定性的函数，未来活动的不确定性越大，其债务被评估的信用质量就越低，负债融资的成本就会越大。企业通过改善环境业绩来实施环境风险管理活动，能够降低未来发生环境事故的可能性，以降低未来的不确定性，即企业通过环境风险管理降低资本市场对企业的违约风险预期，从而降低负债融资的资本成本。另外，Leland（1998）研究企业风险对财务杠杆的影响时发现，企业可以通过提高管理风险水平增强其提高杠杆比率的能力。Graham 和 Rogers（2002）也通过实证研究证实了企业最优杠杆比率和其风险管理水平两者之间的显著正相关关系。负债融资具有低资本成本的优势，而负债在公司融资总量中的比重增加将会降低公司的综合资本成本。

（二）企业环境风险管理对权益资本成本的影响

企业提高环境风险管理水平可以降低权益资本成本，从而降低公司的综合资本成本。根据资本资产定价模型，β 系数反映了个体企业的市场风险，在市场期望收益率和无风险利率不变的情况下，β 系数就成了衡量企业权益资本成本的重要参数。企业提高环境风险管理水平在一定程度上降低了经营业绩的不稳定性，企业经营风险的降低使得企业的 β 系数下降，产生权益资本成本的降低效果；实证研究证实环境风险管理水平较高的企业可以吸引一些遵守"社会元规范"的特定类型的投资者。Heinkel R、Kraus A

和 Zechner（2001）研究指出，"绿色"投资者倾向于投资环境风险管理好的公司，而"非绿色"投资者对公司的环境风险管理水平不重视。李培功、沈艺峰（2011）利用我国沪深两市企业数据也得出了类似的结论。大量经验证据说明，由于存在社会规范的约束，"绿色"投资者往往会避免或者减少对环境风险管理较差企业的投资，企业较好地管理了环境风险，"绿色"投资者将增持企业股票，抬高企业的股价，从而降低其权益成本。另外，Heinkel、Kraus 和 Zechner（2001）也发现，"非绿色"机构投资者为了避免承担不合理的风险，也会远离环境业绩差的公司，而投资于环境业绩好的公司，使得环境业绩较好的企业拥有较低的权益资本成本。

总之，企业通过环境风险管理可以降低企业各种风险水平，从而降低企业债务资本成本和权益资本成本，实现增加企业价值的目的。

二 基于企业环境战略管理的竞争先动优势分析

传统经济学认为，企业对环保事业的支出不符合经济利益最大的财务管理目标，这种观点从静态分析的角度将企业的环保投资视为一种额外费用。直到 1991 年，以 Porter 等人为代表的学者从动态分析的角度提出了与传统经济学截然相反的观点，即波特假说。他们认为对企业进行恰当合理的环境管制可以激发"创新补偿"效应和"技术创新"效应，不仅能部分或全部弥补环境遵守成本，改善环境绩效，还能提高生产效率和行业竞争力。Hart（1995）、Reinhardt（2000）以及 Earnhart（2006）的研究均赞成波特假说的观点。这种观点支持企业采用操纵型控制策略的环境战略及成本效益与有效控制相结合的环境责任态度。

Hart（1995）在研究企业获取竞争的先动优势方式时提出，企业可以依据自身能力建立一种制度标准，给竞争对手设置障碍，以增加其应对成本，从而获得竞争先动优势，采用环境战略获得先动优势就是采取这种方式的例子。Christmann（2000）甚至还探讨了企业实施环境战略产生先动优势的几种类型。实施企业环境战略为环保企业争取了应对环境规制和进行环保技术创新的时间，形成了企业的先动优势，使企业赢得了竞争的先机。

企业环境战略对企业竞争先动优势的影响主要表现为投入的减少、污染成本的降低以及效率的提高。Christmann（2000）证明了企业在污染控制技术上的创新水平越高，其从环境战略中获取的成本优势越大；Sharma（2008）发现，新的绿色技术，更加环保的产品配送系统以及对产品和生产的生态设计都会使公司由于成本的降低而获得竞争优势。

三　基于环境投资理论的企业经济效益分析

人们认为环境投资项目具有公益性和宏观性，难以获得直接的经济效益，其实环境投资也是一项收益率较高的投资（严冬梅，2004），企业改善环境的投资并不必然降低企业的财务业绩（Browers，1993；Caircross，1993；Stead et al.，1998），即企业环境管理也追求环境效益和经济效益的统一（成金华等，2004）。

事实上，环境投资项目不但能带来显著的环境效益、社会效益，同时也能带来明显的经济效益（严冬梅等，2004；彭峰、李本东，2005；等等），以洁净能源类环保投资项目为例，该类投资不仅可以减少污染物的排放，降低排污费用，改善环境质量，而且能够节约大量能源和原材料，有助于提高生产效率和产品质量，从而获得直接的经济效益。严冬梅等（2004）分别通过经济效益分析法和"有无对比法"对固定废物类和洁净能源类环保投资项目进行分析，得出环保投资项目可直接创造经济效益的结论。

第二节 研究假说

上述理论分析表明企业环境治理与企业价值应有积极的影响，研究学者也尝试用实践数据证实这种结论，但在企业环境绩效与企业价值关系研究文献中，实证研究结论并不一致，Charlene Sinkin 等（2008）认为生态效率的引入可以帮助解释那些看似结论不一致的文献。Charlene Sinkin 等（2008）采用生态效率作为环境治理过程绩效的替代变量研究了其与企业价值之间的关系，研究结果证实企业生态效率与企业价值呈显著正相关关系。无独有偶，Nadja Guenster 等（2011）也利用生态效率研究企业承担环保责任与企业价值的关系，得出高生态效率企业的托宾 Q 值和 ROA 并不一定高，但是低生态效率企业的托宾 Q 值和 ROA 一定会更低的结论。

Charlene Sinkin 等人的研究过程给人以启示：研究企业环境治理对企业价值的影响不能仅仅考察最初的企业环境治理投入和企业环境治理产生的综合效益，还要考虑企业环境治理过程对企业价值的影响，即企业环境治理效率对企业价值的影响。我国学者刘志远（2007）认为"评价一个投资的绩效，可以采取过程与结果两分法。在对过程进行评价时，其实是考察投资效率问题；而对结果进行评价时，其实是考察投资效益问题"。同时，他认为"好的投资效益不一定有好的投资效率，但好的投资效率往往产生好的投资效益"，也就是说，利用投资过程绩效评价指标研究问题应有更深刻的意义。我国学者普遍把企业环境治理投入理解为企业环保投资（彭锋、李本东等，2005），因此研究企业环境治理效率（后文统称为"企业环保投资效率"）与企业价值关系可能会得出更有益的研究结论。根据前文相关理论分析和实证研究结果，提出第一个研究假设：企业环保投资效率与企业价值具有正相关关系。

企业环保投资效率是企业环保投资综合效益与企业环保投资总投入的比值，其中企业环保投资综合效益是一个综合指标，包括企业环保投资经济效益、企业环保投资环境效益和企业环保投资社会效益等三种维度细分指标，Yijing Wang、G. Berens（2015）认为这些细分效益对企业价值影响程度不同。这样综合指标中不同维度指标产生的效应有时会对冲掉另一个维度指标产生的相反的效应，因此对综合指标做细化研究是有好处的（Brammer et al.，2009；Margolis et al.，2009）。研究细分指标的另一好处是可以发现哪一种细分指标是产生效应的关键指标。Weisheng Lu 等（2014）也认为，分类研究企业环境治理变量与企业价值关系更有理论和实践意义。因此，本节对企业环保投资效率指标做进一步划分，试图分别对企业环保投资环境效益、企业环保投资社会效益及企业环保总投入与企业价值关系进行实证检验。

企业环保投资环境效益是指企业环境治理后对自然环境产生的良好结果。自 20 世纪 80 年代以来，西方管理学者开始重视企业环境效益与企业价值之间的关系。在实证研究方面企业环境效益与企业价值关系结论并不一致。陈璇（2010）在综述环境效益与企业价值关系文献中发现了这种不一致。后续研究文献继续呈现了这种实证研究结论不一致的特点：Dessy Angelia 等（2015）和 Joscha Nollet 等（2016）得出企业环境效益与企业价值正相关，也有不少学者得出企业环境效益与企业价值负相关的结论（Abraham Lioui et al.，2012；Noor A B A et al.，2015；Yan Qiu et al.，2016），Yijing Wang 等（2015）更是通过实证检验得出了企业环境效益与企业价值无明显相关关系的结论。从理论上来看，根据 Porter 的观点，企业环保投资减少污染排放产生环境效益，会对外树立企业乐于承担环境责任的良好形象，将增加企业的声誉价值和品牌价值，从而增加企业价值。结合既有实证研究文献，提出第二个假设：企业环保投资环境效益与企业价值具有正相关关系。

企业环保投资社会效益是指企业环境治理对投资者、消费者、社区及政府产生的影响，其涵盖的内容只包括传统企业社会责任中的一部分。但由于已有实证文献研究过程中，并没有把企业环境治理产生的社会效益从企业社会责任中完全剥离出来，所以，本部分使用传统的企业社会责任变量替代企业环保投资社会效益变量搜索相关文献。

刘建秋（2010）研究了企业社会责任与企业价值关系文献，发现实证研究方面没有得出一致结论[①]。Margolis 和 Walsh（2001）和 Weisheng Lu 等（2014）分别统计了截止到 2011 年国外学者关于企业社会责任与企业价值关系实证文献，其研究结果与我国学者刘建秋的综述结论一致。之后关于企业社会责任与企业价值关系实证结论并没有发生根本改变，有学者得出两者正相关结论（Heli Wang et al.，2013；Jessica T et al.，2013；Mengwen Wu et al.，2013；Lujie Chen et al.，2015；Yan Qiu et al.，2016；Alan Gregory et al.，2016；王艳婷，2013；等等），有学者得出负相关结论（于晓红，2014；Joscha Nollet et al.，2016）。同时，Joscha Nollet 等（2016）采用非线性模型发现企业社会责任与企业价值呈 U 型相关关系，也有学者认为两者无明确关系（Cristina M et al.，2014；Stefan C G et al.，2015；Yijing Wang et al.，2015）。虽然实证结论并不一

---

① 本书企业社会责任与企业价值关系研究结论主要摘引于刘建秋等于 2010 年 5 月发表于《中南财经政法大学学报》第 3 期的论文《社会责任与企业价值创造研究——回顾与展望》，特对这些作者表示感谢。

致，但理论学者一致认为企业承担社会责任提升企业价值，Steger 研究发现社会责任可以通过减少成本、增加收入、商标与声誉等方面影响企业价值。Weber 认为企业承担社会责任可以增加企业形象和声誉，可以通过增进企业与利益相关者之间的关系来提高企业绩效，可以直接降低企业的成本，可以提高销售额和市场份额等，这些最终对企业价值带来增加。根据相关理论文献及企业社会责任与企业价值关系实证研究得出的结论，提出第三个假设：企业环保投资社会效益与企业价值具有正相关关系。

企业环保总投入是指企业所发生的与环境治理有关的所有支出。企业环境支出与企业价值研究源自美、日等发达国家，20 世纪 60 年代美国开始关注环境支出，认为环境控制会降低企业利润，从而降低企业价值。20 世纪 80 年代末期关于环境绩效能否为企业提供竞争优势的理论使得学者们认识到企业改善环境的行为并不必然降低企业的财务业绩，我国学者贺红艳等（2006）通过把环境资产引入企业价值评估的各种方法中，在理论上说明了企业环保投入对企业价值的积极影响。但在我国不多的相关实证研究文献中得出的研究结论并不一致，陈留彬（2006）等学者认为企业环保投资对企业价值有积极作用，但是陈煦江（2009）等得出企业环保投资与企业价值负相关的结论。综合这些理论和实证研究结果，提出第四个假设：企业环保投入与企业价值具有正相关关系。

第三节　研究设计

一　变量设计

（一）被解释变量

企业价值变量设计（$TOBQ_{it}$）。在研究企业价值关系实证文献中，用于衡量企业价值的指标方法主要有两类：基于市场业绩的衡量方法（如托宾 Q 和市场价值）和基于会计业绩的衡量方法（如总资产收益率和净资产收益率等）。Charlene Sinkin 等对经典 Ohlson 模型修正第一次建立了生态效率环境变量与企业价值的关系。笔者基于 Charlene Sinkin 等的研究思想验证企业环保投资效率等变量与企业价值关系，因此采用托宾 Q 作为企业价值替代变量。

（二）解释变量及控制变量

1. 企业环保投资效率变量设计（IE_{it}）

企业环保投资效率表示为企业环保投资总效益与企业环保总投入的比值，其中企业环保投资总效益是指企业因进行环境治理而产生的经济效益、环境效益和社会效益的综合，具体表示为其细分指标百分值量化后的加权平均[①]，企业环保总投入是指在企业生产经营及提供劳务过程中产生的环境污染预防、日常管理及污染治理投资的综合，具体表示为对应的细分指标百分值量化后的加权平均。

2. 企业环保投资经济效益变量（$IE_{it\_}ECB$）

企业环保投资经济效益按与企业经营关系可分为直接经济效益和间接经济效益，企业环境治理产生的直接经济效益包括资源使用的节省，环保产品的销售收益，"三废"综合利用产品产值及废料回收收益等内容；间接经济效益包括免受环境行政处罚，免交超标排污收费（表现为间接经济效益的抵减），由于环境治理产生的环境税收和排污费的减少、相关利息节税，以及企业因环境治理而获得的政府环保方面的补贴、奖励等方面。

[①] 企业环保投资效率指标计算及细分指标计算使用的权重依据乔永波（2015）在《科技管理研究》杂志上的研究成果。

企业环保投资经济效益变量量化时需做百分化处理。这里首先分别对企业环保投资直接经济效益和间接经济效益进行自然对数为底的对数化，弱化规模、行业差异，然后用"离差相对化"方法对其做指数化处理，进一步弱化行业影响，最后利用简单加权平均法计算企业环保投资经济效益百分值。

3. 企业环保投资环境效益变量（IE_{it}_ENB）

环境效益指标的选取和量化方面均需要进一步设计。一是对环境效益指标进行简化选取。企业环保投资环境效益分指标应包括水、大气、固废、噪声及生物多样性等细分指标[①]。考虑到数据可获得性，本书最终只选择了水环境质量和空气环境质量指标作为环境效益细分指标（这两个指标也是我国环境保护部发布的环境统计公报中涵盖的指标）。二是对环境效益指标进行量化设计。借鉴我国环保部编制环境影响评价技术导则的极值思想，最终选取化学需氧量浓度值为水环境质量指标值，二氧化硫浓度值为空气环境质量指标值。在企业环保投资环境效益细分指标百分值量化过程中，采取对各细分指标进行"离差相对化"指数化处理，然后对指数进行百分化处理求得各细分指标的百分值，最后用平方加权平均法计算得出企业环保投资环境效益指标。

4. 企业环保投资社会效益变量（IE_{it}_SOB）

企业环保投资社会效益包括投资者、消费者、社区及社会等对企业环境治理效果的评价，共分四个细分指标，这类指标大多属于定性指标，本节用满意度对这些定性指标分类并进行百分值量化。除投资者对企业环境治理效果的评价外，其余细分指标数据主要来源于企业发布的社会责任报告中各利益相关者绩效说明

---

① 这些指标信息多集中在企业社会责任报告或环境报告书中的环境绩效部分。

环节。

关于投资者对企业环境治理效果评价变量设计，借鉴李培功、沈艺峰（2011）的研究思想，将保险、社保和 QFII 等机构投资者投资股本占企业总股本比例作为企业环保投资者环保投资评价替代变量；关于消费者对企业环境治理效果的评价变量设计，基于环保投资角度，消费者比较关注环保创新等可持续产品的研发、销售等产品信息。因此，根据企业提供的基本环境信息及环保创新等产品信息的完整度做等级量化；关于社区对企业环境治理效果的评价变量设计，依据企业披露的社区关注内容分类统计，按照企业与周边社区环保信息交流及环境关系做等级量化；关于社会对企业环境治理效果的评价变量设计，社会外延广泛，本书采用政府作为社会中的代表，根据企业因环境治理获得的社会和政府的奖惩结果做等级量化。企业环保投资社会效益细分指标采用"离差相对化"思想进行指数化处理，进行百分化后对各细分指标百分值再做平方加权平均求得企业环保投资社会效益指标。

5. 企业环保总投入变量（$IE_{it\_}EPIT$）

根据企业环境治理过程，企业环保总投入可分为环境污染预防投资、日常管理投资和污染治理投资三部分。其中环境污染预防投资包括"三同时"建设中的治污投资、各种环保设备研发、环保产品研发投入及清洁生产投入等；环境日常管理投资包括日常环境管理费用、环保培训投入、环保宣传费用、环境检测费用、环保公益支出等；环境污染治理投资包括后续污染处理设备投资、"三废"综合利用设备投入及污染治理设施运行费用等。上述数据主要来源于企业年度财务报告中相关环境会计科目和社会责任报告中环境绩效部分。企业环保总投入各细分指标属于经济指标，进一步的百分化处理过程和最终的合成思想同企业环保投资经济效益。

经典 Ohlson 模型研究了企业会计盈余和资产影响企业价值关系，同时指出如果其他信息能提供与未来收益相关的信息，这些信息也将影响企业价值。因此，Charlene Sinkin 等（2008）基于经典 Ohlson 模型开创性地研究了生态效率与企业价值的相关关系，并提出了修正的 Ohlson 模型。关于企业环保投资效率与企业价值关系研究正是基于 Charlene Sinkin 等的研究成果。依据他们的研究思路，考虑我国资本市场实际及相关研究成果，模型中涉及的其余变量包括每股收益（EPS）和每股净资产（BV）等，选定的控制变量包括企业资本结构（LEV）、研发费用强度（RD）、广告费用强度（ADV）（Charlene Sinkin，2008）、上市年限（YEAR）（陈煦江，2009；沈洪涛，2005）、每股非经常性损益（EXPRO）（邓秋云，2005）、营业利润增长率（GROTH）（党建忠，2004）等。

本书选取的变量名、符号及定义描述如表 9 所示。

表 9　变量设计

变量名	变量符号	变量定义
被解释变量		
托宾 Q	TOB_{it}	托宾 Q 值 =（t 年末流通股市值 + 非流通股价值 + 负债账面价值）/t 年末总资产；非流通股价值 = t 年末每股净资产 × t 期末非流通股份数
总资产报酬率	ROA_{it}	t 期（利润总额 + 利息）/t 期末总资产
解释变量		
企业环保投资效率	IE_{it}	t 期企业环保投资总效益/t 期末企业环保总投入
企业环保投资环境效益	IE_{it}_ENB	t 期企业环保投资环境效益百分值，具体计算过程依据前文变量设计描述相关部分

变量名	变量符号	变量定义
企业环保投资社会效益	IE_{it}_SOB	t期企业环保投资社会效益百分值，具体计算过程依据前文变量设计描述相关部分
企业环保总投入	IE_{it}_EPIT	t期企业环保总投入百分值，具体计算过程依据前文变量设计描述相关部分
控制变量		
每股收益	EPS_{it}	t期实现的企业净利润/t期末股票总数
每股净资产	BV_{it}	t期末所有者权益/t期末企业股票总股数
企业资本结构	LEV_{it}	t期末企业长期负债/t期末企业所有者权益
研发费用强度	RD_{it}	t期企业研发费用/t期营业收入
广告费用强度	ADV_{it}	t期企业广告费用/t期营业收入
年份	$YEAR_{it}$	样本上市年限
每股非经常性损益	$EXPRO_{it}$	t期企业非经常性损益/t期企业期末总股数
营业利润增长率	$GROTH_{it}$	（t期企业经营利润－上期企业经营利润）/上期企业经营利润
企业总资产	ASS_{it}	t期末企业总资产

二 模型设计

为验证企业环保投资效率与企业价值关系，本书选用基本模型1：

$$TOB_{it=} = \alpha_0 + \alpha_1 BV_{it} + \alpha_2 EPS_{it} + \beta\ IE + \varepsilon$$

为验证企业环保投资环境效益与企业价值关系，本书选用基本模型2：

$$TOB_{it=} = \alpha_0 + \alpha_1 BV_{it} + \alpha_2 EPS_{it} + \beta\ IE_{it}\_ENB + \varepsilon$$

为验证企业环保投资社会效益与企业价值关系，本书选用基本模型 3：

$$TOB_{it=} = \alpha_0 + \alpha_1 BV_{it} + \alpha_2 EPS_{it} + \beta \quad IE_{it}\_SOB + \varepsilon$$

为验证企业环保总投入与企业价值关系，本书选用基本模型 4：

$$TOB_{it=} = \alpha_0 + \alpha_1 BV_{it} + \alpha_2 EPS_{it} + \beta \quad IE_{it}\_EPIT + \varepsilon$$

三　样本选择与数据来源

（一）样本选择

企业环保投资效率指标计算需要较多的信息[①]，这些信息多集中在企业发布的财务年度报告和各类型社会责任报告（包括各种社会责任报告、可持续发展报告、环境报告书等）中。我国沪深两市上市企业拥有较多的该类信息，并且其上市企业规模、产值占我国全部企业的比重比较大，对我国环境造成的污染影响也较大，因此本书把样本选择限定在我国沪深两市上市企业范围内。

1. 行业选择依据说明

2008 年，我国环境保护部下发了《上市公司环境保护核查行业分类管理名录》（以下简称《管理名录》），《管理名录》界定了十四类行业为重污染行业，要求归属于这些类别的上市企业每年定期公开披露环境保护等相关环境责任信息。配合环境保护部的要求，沪深两市证券交易所相继发布了"上市公司环境信息披露指南"。这些政策督促了归属于十四类重污染行业的上市企业更多地发布包括环境责任在内的各类型社会责任报告，同时严格的环境规制也提高了企业社会责任报告信息含量，因此本书界定样

[①]　企业环保投资效率指标计算过程依据乔永波（2015）在《科技管理研究》杂志上的研究成果。

本选择为《管理名录》列示的十四类重污染行业的沪深两市上市企业。

2. 时间范围确定依据

这里样本选择时间范围确定为 2009～2016 年，其原因一是这个时间段涵盖了社会责任报告"井喷"增长的两个年份，2008 年之前的社会责任报告发布总量不大，2009～2016 年发布的社会责任报告涵盖了我国上市企业发布的大部分社会责任报告；二是2008 年之前没有界定重污染行业类别，为保持样本行业范围的一致性，样本选择时间范围限定在 2008 年之后，最终获取了有效样本 115 份。

（二）数据来源

企业环保投资效率评价指标数据中多数数据无法直接取得，尤其是环境效益和社会效益数据，这两种数据表现形式多样，可能表现为显性的，也可能表现为隐性的，或者是定量形式，或者是定性形式。研究学者经常采用内容分析法（Bowman、Haire，1975；Abbott、Monsen，1979；等等）和调查问卷法（林钺、陈筱，2010等）获取上述数据。这里采用内容分析法分类、整理企业通过年度财务报告或各类型社会责任报告发布的环境和社会等信息。企业环保投资效率评价指标中各明细指标数据大部分来自企业社会责任报告中的环境绩效部分，企业环保投资直接经济效益部分指标数据取自相关权威网站信息[①]，企业环保投资间接经济效益具体数据主要来源于企业财务报表附注中营业外支出、管理费用、营业

---

① 在具体计算中能源节省统一转化为吨标准煤，吨标准煤及新鲜水的节省效益根据上市公司社会责任报告中对应明确推算的价格计算；具体材料节省效益则依据公开的、专业的价格网中数据计算；环保产品的销售收益 = 环保产品销售收入×企业销售利润率；"三废"综合利用产品产值和废料回收则使用销售额计算。

税金及附加、营业外收入中反映环境内容的会计科目说明；企业环保投资社会效益中的投资者对企业环境治理效果评价指标数据来自东方财富网数据中心栏目中的基金持仓特色数据；企业环保总投入数据中环境污染预防投资数据部分直接取自企业社会责任报告或企业财务报表附注中的在建工程会计科目，日常管理投资数据来自企业财务报表中的管理费用相关会计明细科目等。模型检验所需其余数据均来自东方财富网的 Choice 金融终端。

第四节　统计分析

一　描述性分析

本节对上节四个基本模型所涉及的所有变量进行了描述性统计，结果见表 10。通过表 10 可以看出被解释变量中托宾 Q 均值为 1.577，说明这些企业总体有资本投资需要，企业价值较大，这与我国高速增长的经济背景相符。但另一个反映企业价值的变量总资产报酬率（ROA）的均值为 0.2，表明这些企业总体来看资产收益率较为可观，但同时也发现企业间收益率差异较大，不少企业仍面临较大盈利压力。解释变量中企业环保投资效率（IE）的均值为 1.398，表明在国家环保部门的监督压力下，污染较重行业的企业环保投资较有效率。企业环保投资环境效益（IE_ENB）和企业环保投资社会效益（IE_SOB）的得分均值分别为 76.997 和 66.088，表明在企业环境治理中，实现环境效益和社会效益相对较高，尤其是环境效益得分最高，说明通过环境治理，环境质量改善效果明显，但企业环保总投入（IE_EPIT）的得分均值只有 51.049，表明企业环保投入还是普遍较低。在企业环保投资效率的组成部分中，企业环保投资社会效益（IE_SOB）的标准差只有 8.898，其最小者和最大值也较为接近，说明各企业环境治理产生了较为稳定的社会效益。其他变量的总体分布比较合理，不存在严重的极端值问题。

表 10　对四个基本模型所涉及的所有变量进行的描述性统计

变量	样本量	均值	标准差	25%分位	50%分位	75%分位	极小值	极大值
TOB	115	1.577	0.748	1.12	1.365	1.9	0.67	4.23
ROA	115	0.2	5.951	0.029	0.128	0.94	-36.15	11.41
IE	115	1.398	0.637	1.02	1.23	1.48	0.63	3.5
IE_ENB	115	76.997	20.025	66.35	80.885	94.7	3.95	99.5
IE_SOB	115	66.088	8.898	56.69	67.06	71.08	48.62	81.33
IE_EPIT	115	51.049	17.101	40.8	52.03	61.99	14.52	87.52
BV	115	4.002	2.259	2.28	3.73	5.03	-3.03	10.51
EPS	115	0.176	0.735	0.02	0.177	0.44	-4.22	1.83
ASS	115	23.153	1.442	21.74	22.97	24.38	20.42	25.66
EXPRO	115	0.087	0.164	0.005	0.016	0.07	-0.079	0.63
GROTH	115	-12.291	95.018	-8.89	-0.445	0.88	-563.76	300.68
RD	115	1.948	3.781	0.16	0.65	2.64	0	23.46
ADV	115	0.357	1.416	0	0.002	0.1	0	9.43
LEV	115	0.455	0.522	0.1	0.34	0.654	-0.58	2.86

二　相关性分析

本小节对基本模型变量进行了相关系数检验，结果如表 11 所示。从表 11 中可以发现，托宾 Q（TOB）与企业环保投资效率（IE）的相关系数为 0.2996，且在 1% 的水平上显著，这表明假设得到初步的验证；托宾 Q（TOB）虽与企业环保总投入（IE_{it}_ EPIT）呈显著相关关系，但是相关系数为 - 0.3782，且托宾 Q（TOB）与企业环保投资环境效益和社会效益没有显著相关关系。但另一个企业价值变量总资产报酬率（ROA）与企业环保投资效率的各细分指标间的相关关系却有不同表现，变化最大的是企业环保投资社会效益（IE_{it}_SOB），其中企业环保投资社会效益（IE_{it}_SOB）与总资产报酬率（ROA）呈现出了显著相关关系，且相关系数为正。这些细分指标与不同企业价值变量指标呈现出不同相关关系，可以初步解释为什么既往文献在相关问题研究方面结论出现了不一致现象。此外，通过表 11 还可以发现，所有变量之间的相关系数均小于0.8，表明本书所使用的四个模型均不存在严重的多重共线性问题。

三 多元回归分析

多元统计回归结果如表 12 所示。

从表 12 中可以看出，模型 1 中的 T 值在 1% 的程度上显著，说明模型的自变量总体具有统计显著性。模型 1 的结果表明，本书关注的解释变量企业环保投资效率（IE）与企业价值在 5% 水平上具有显著相关性，且其系数为正，即企业环保投资效率的提高会提升企业价值，这充分验证了本书模型 1 提出的假说。模型 1 验证了每股净资产（BV）对企业价值的显著影响，因为每股净资产（BV）在 5% 水平上与企业价值有显著相关关系，在进一步检验中以资产报酬率（ROA）为企业价值替代变量做统计回归时发现每股收益（EPS）与企业价值有显著相关关系，这些证据表明以会计数据为基础研究企业价值的 Ohlson 模型在我国资本市场有较强适用性，这为基于 Ohlson 模型利用我国资本市场相关数据进行企业环境治理与企业价值关系研究提供了新的检验工具。

表 11 对基本模型变量进行的相关系数检验分析

变量	TOB	IE	IE_ENB	IE_SOB	IE_EPIT	ROA	BV	EPS	ASS	EXPRO	GROTH	RD	ADV	LEV
TOB	1													
IE	0.2996***	1												
IE_ENB	-0.101	-0.0555	1											
IE_SOB	-0.0872	0.0387	-0.1058	1										
IE_EPIT	-0.3782***	-0.7525***	0.4003***	0.121	1									
ROA	0.0742	0.2313**	-0.0965	0.2531**	-0.2072*	1								
BV	-0.2105*	-0.0017	-0.1821	0.2007*	0.1433	0.44***	1							
EPS	-0.0049	0.0816	-0.0446	0.1355	0.0308	0.7337***	0.6488***	1						
ASS	-0.3709***	-0.2952**	0.354***	0.1606	0.6496***	-0.1212	0.353***	0.1017	1					
EXPRO	-0.0357	0.0493	-0.4831***	0.1476	-0.2242	0.3249***	0.367***	0.2253*	-0.1571	1				
GROTH	0.2147*	-0.0349	-0.0496	0.2023*	0.1571	0.0253	0.1965*	0.1687	0.0676	-0.089	1			
RD	0.1677	0.0411	-0.2343*	0.0725	-0.0695	-0.165	0.0058	-0.0479	0.0681	-0.0852	0.0075	1		
ADV	0.0433	0.0274	-0.5411***	0.1658	-0.1321	0.2773**	0.3646***	0.2189*	0.0988	0.5095***	0.0127	0.1325	1	
LEV	-0.2579**	-0.1808	0.2151*	0.043	0.4041***	-0.172	0.1804	-0.0777	0.6179***	-0.1371	-0.0198	0.3153***	-0.0782	1

注：***、**、* 分别代表 T 值在1%、5%、10% 水平上的显著性（双尾）。

表 12　多元统计回归结果

变量	模型 1 TOB	模型 2 TOB	模型 3 TOB	模型 4 TOB
BV	-0.110**	-0.133**	-0.115**	-0.0943*
T值	(-2.286)	(-2.636)	(-2.284)	(-1.987)
EPS	0.190	0.252	0.232	0.194
T值	(1.285)	(1.656)	(1.509)	(1.342)
IE	0.333**			
T值	(2.566)			
IE_ENB		-0.00609		
T值		(-1.406)		
IE_SOB			-0.00404	
T值			(-0.410)	
IE_EPIT				-0.0150***
T值				(-3.144)
常数项	1.517***	2.533***	2.265***	2.686***
T值	(5.551)	(6.008)	(3.470)	(9.371)
样本量	115	115	115	115
调整 R²	0.154	0.100	0.076	0.189

注：***、**、* 分别代表 T 值在 1%、5%、10% 水平上的显著性（双尾）。

模型 2 和模型 3 中的 T 值在 5% 的水平上显著，说明模型的自变量总体具有统计显著性。模型 2 和模型 3 显示企业环保投资环境效益、社会效益与托宾 Q 没有显著相关关系，但均为负相关，与模型 4 检验结果相同，这说明我国资本市场中企业环境信息披露可能存在"功能锁定假说"效应，即资本市场更关注企业环保总投入与企业价值关系。

模型 2 和模型 3 中的 T 值在 5% 的水平上显著，说明模型的自变量总体具有统计显著性。但模型 2 显示企业环保投资环境效益与托宾 Q 没有显著相关关系，模型 3 结合后续稳健检验显示企业环保投资社会效益与托宾 Q 关系不确定。这些结论与本章的研究假说不符，笔者认为可能有三个方面的原因，一是可能存在变量依赖；二是相关关系本身不明确，既往文献研究结论可以提供佐证；三是可能存在尚未发现的传导机制使得相关关系发生扭曲。

模型 4 中的 T 值在 1% 的水平上显著，说明模型的自变量总体具有统计显著性。模型 4 的回归分析结果表明，作为企业环保投资效率维度之一的企业环保投资总投入与企业价值关系出现了负向显著相关，这个结论有些出乎意料。本书基于以下两个原因试图进行解释：一是当前企业进行环境治理仍是过多迫于企业外部压力（如合法性），企业环境治理投入没有形成有效资产，仍被视为企业一种资源浪费，即企业环境治理投入会显著降低企业投资能力，从而降低企业价值。二是有可能是传导机制造成这种扭曲现象。企业环保投资这种履行社会责任的活动会通过一定的传导机制影响企业价值，而不同的传导机制会产生不同的企业价值影响。利益相关者按企业社会责任动机把企业分为两种：外在型社会责任和固有型社会责任。当社会责任被视为外在型社会责任时，利益相关者对企业的态度和行为不如固有型社会责任那么积极（Yoon et al.,

2006)。也就是说，如果企业环保投资被理解为履行外在型社会责任，那么企业环保投入不一定被利益相关者如实反映到企业价值上。

四 稳健性检验

对企业环保投资效率与企业价值关系回归结论的一种忧虑可能是，衡量企业价值主要有两种方法，上述模型回归结论是否对采用的企业价值替代变量有一定的依赖。本书采用基于会计业绩指标的总资产报酬率（ROA）作为企业价值替代变量代入四个基本模型做进一步检验，统计回归结果见表13。更换企业价值替代变量，企业环保投资效率与企业价值关系显著性没有发生本质变化，但企业环境治理产生的社会效益与企业价值关系由不显著变为显著，且影响方向由负相关转为正相关，企业环境治理产生的环境效益与企业价值关系 T 值变化也很大，这说明环境治理过程绩效评价指标与企业价值关系较环境治理结果绩效评价指标与企业价值关系更具稳定性。

表 13 四个模型稳健性检验统计回归结果

变量	模型 1	模型 2	模型 3	模型 4
	ROA	ROA	ROA	ROA
BV	− 0. 122	− 0. 217	− 0. 250	− 0. 0359
T 值	（ − 0. 447）	（ − 0. 764）	（ − 0. 908）	（ − 0. 134）
EPS	6. 068***	6. 344***	6. 253***	6. 067***
T 值	（7. 230）	（7. 372）	（7. 478）	（7. 439）
IE	1. 589**			
T 值	（2. 155）			
IE _ ENB		− 0. 0227		
T 值		（ − 0. 930）		

续表

变量	模型 1	模型 2	模型 3	模型 4
	ROA	ROA	ROA	ROA
IE_SOB			0.112 **	
T 值			(2.086)	
IE_EPIT				− 0.0795 ***
T 值				(− 2.947)
常数项	− 2.604 *	1.703	− 7.302 **	3.331 **
T 值	(− 1.678)	(0.715)	(− 2.053)	(2.056)
样本量	115	115	115	115
调整 R²	0.569	0.546	0.567	0.591

注: ***、**、*分别代表 T 值在 1%、5%、10%水平上的显著性（双尾）。

对企业环保投资效率与企业价值关系回归结论的另一种忧虑可能是模型中新变量的纳入是否改变研究结论。有学者基于经典 Ohlson 模型研究了其他因素与企业价值的关系：邓秋云（2005）研究发现非经常性损益因素与企业价值具有显著相关关系，党建忠（2004）研究发现了成长性因素与企业价值具有显著相关关系。在使用托宾 Q 值或资产收益率（ROA）作为企业价值替代变量研究其他因素与企业价值相关关系文献中，多数学者选择企业资产规模（ASS）、资本结构（LEV）为控制变量。同时有学者发现其他因素与企业价值有显著相关关系，这些因素包括研发费用强度（RD）、广告费用强度（ADV）（Charlene Sinkin，2008 等）、上市年限（YEAR）（陈煦江，2009；沈洪涛，2005；等等）、每股非经常性损益（EXPRO）（邓秋云，2005）、营业利润增长率（GROTH）（党建忠，2004）等。为进一步检验企业环保投资效率与企业价值关系，笔者把这些变量逐一加入基本模型 1 中作为控制变量对其做统计回归分析，结果如表 14 所示。统计结果表明，在加入上述自变量后基本模型 1 的拟合优度逐步提高，T 值仍然均在 5% 水平上显著，纳入新变量的模型解释力逐步增强。同时，企业环保投资效率（IE）与企业价值间（TOBQ）的正相关关系及其显著性并没有发生本质变化。

表 14　七个模型稳健性检验统计回归结果

变量	检验模型 1	检验模型 2	检验模型 3	检验模型 4	检验模型 5	检验模型 6	检验模型 7
	TOB	TOB	TOB	TOB	TOB	TOB	TOB
IE	0.253*	0.250*	0.268**	0.254*	0.247*	0.247*	0.260**
T 值	(1.893)	(1.859)	(2.053)	(1.968)	(1.912)	(1.901)	(2.177)
BV	-0.0715	-0.0624	-0.0896	-0.0951*	-0.0975*	-0.0945*	-0.0491
T 值	(-1.410)	(-1.118)	(-1.600)	(-1.725)	(-1.766)	(-1.690)	(-0.944)
EPS	0.145	0.140	-0.0101	-0.0278	0.0834	0.0626	0.144
T 值	(0.990)	(0.949)	(-0.0239)	(-0.0671)	(0.195)	(0.144)	(0.363)
ASS	-0.127**	-0.137**	-0.123*	-0.128*	-0.139**	-0.118	-0.185**
T 值	(-2.003)	(-2.009)	(-1.855)	(-1.961)	(-2.099)	(-1.448)	(-2.424)
EXPRO		-0.226	0.0364	0.112	-0.196	-0.169	-0.0954
T 值		(-0.400)	(0.0651)	(0.204)	(-0.312)	(-0.265)	(-0.164)
GROTH			0.00215**	0.00216**	0.00212**	0.00209**	0.00120
T 值			(2.490)	(2.542)	(2.484)	(2.435)	(1.247)
RD				0.0369*	0.0322	0.0362	0.0307
T 值				(1.784)	(1.522)	(1.561)	(1.468)
ADV					0.0708	0.0622	-0.0205
T 值					(1.015)	(0.855)	(-0.299)
LEV						-0.0932	-0.179
T 值						(-0.434)	(-0.919)
YEAR	—	—	—	—	—	—	控制
常数项	4.434***	4.634***	4.418***	4.496***	4.773***	4.322**	6.167***

变量	检验 模型 1	检验 模型 2	检验 模型 3	检验 模型 4	检验 模型 5	检验 模型 6	检验 模型 7
	TOB	TOB	TOB	TOB	TOB	TOB	TOB
T 值	(2.994)	(2.948)	(2.887)	(2.985)	(3.118)	(2.326)	(3.524)
样本量	115	115	115	115	115	115	115
调整 R^2	0.200	0.202	0.271	0.305	0.316	0.318	0.483

注：***、**、* 分别代表 T 值在 1%、5%、10% 水平上的显著性（双尾）。

通过采用更换企业价值替代变量和增加新变量的方法对企业环保投资效率与企业价值关系回归结论做进一步检验，检验的结果显示企业环保投资效率与企业价值关系显著程度没有发生本质变化，说明基于治理过程绩效评价指标研究结论具有一定的稳健性。

第五节　研究结论

从企业环境治理产生的过程角度，本章实证检验得出企业环保投资效率提升企业价值的结论，这个结论可以帮助我们建立"环境治理过程绩效 > 环境治理结果绩效 > 企业价值 > 环境治理积极性"的逻辑，改变了既有的"环境治理结果绩效 > 企业价值 > 环境治理积极性"逻辑。新的逻辑从过程绩效开始，强调了企业的主体地位，而传统逻辑更强调企业外部的作用，这种逻辑的改变可能使企业发展与环境改善形成良性循环。

从企业环境治理产生的结果角度，有以下结论：企业环境治理投入不是企业资源的浪费，而是形成了能增加企业价值的有效资产。但本章得出企业环境治理投入与企业价值具有显著负相关的结论，说明我国企业没有形成企业环境治理投入提升企业价值的正确意识。为激励企业加大投入进行环境污染治理，应通过更合理的会计核算方法使环境治理投资资产化，形成更明确的企业资产，为提升企业价值服务；企业环保社会效益及环境效益与企业价值相关关系均为负相关，同企业环保总投入与企业价值关系保持一致，即资本市场更关注企业环保总投入，说明我国环境信息披露在资本市场中可能存在"功能锁定假说"效应，该效应在基本模型检验中表现得更为明显；环境信息披露存在"功能锁定假说"效应严重挫伤了企业环境信息披露积极性，应建立企业环境治理社会效益、环境效益向经济效益转化机制，以使其与企业价值关系更加明确。为此，要充分利用环境保护理念深入人心的机会，加大资本市场对企业环境治理的约束、引导作用，实现环境治理积极的企业融资成本降低、股票价格提升的效果；消费者要认可环境治理积极的企业产品品牌溢价效应，推动其环保产品市场逐步扩大；要与环境治理积极的企业形成和谐社区，社区应积极支持其经济发展，减少环境问题纠纷，降低企业社会成本；政府要采取切实措施从物质方面给环境治理积极的企业以大力扶持，如增加政府环保奖励、降低环境税负、增加政府产品采购等。为强化企业环境效益意识，也应着力建设环境效益向经济效益的转化机制。因此，环境监管部门要建立环境质量与环境奖惩匹配机制，实现约束激励企业环境治理效果。

总体上看，本章首次利用我国资本市场数据证实了企业环保投资效率可显著提升企业价值。该经验结论将有利于帮助企业增加环境治理投入、提升环境管理水平、提高环保投资效率，以便在合理的环保投入基础之上获得更好的环境治理效果，最终实现提高企业价值结果；有利于企业外部环境信息使用者比较、评价不同企业环保投资效率，从而做出合理的投融资决策，或对其做出更准确的社会评价；有利于为政府监管部门的环境政策制定提供依据。

| 第六章 |

研究总结与政策建议

第一节　研究结论

一　理论研究结论

（一）研究了综合评价企业环保投资效率评价指标体系的基本内容

本书从概念、目标、内容、结构及效果检验等方面对企业环保投资效率评价指标体系的基本内容做了研究。具体如下：企业环保投资符合投资所具有的内涵规律性，企业环保投资是企业的一种投资。企业环保投资效率研究的是企业环保投资过程中产出与投入的相对效果，表现为产出与投入的比值；企业环保投资效率评价指标体系是一个多目标的综合指标体系，其总目标是提高企业环保投资效率，实现企业价值的可持续增长。同时给出了各主要维度的目标；研究了企业环保投资效率评价指标体系包括的主要指标内容；研究了企业环保投资评价指标体系各指标的层次结构及同一层次间的指标关系，并通过调查问卷给出了指标间的权重，通过效用函数综合评价法和变权的思想对企业环保投资效率评价指标体系中的指标进行了合成；确定企业价值为企业环保投资效率评价指标体系的评价标准，并以托宾 Q 和企业市场价值为企业价值的替代变量实证研究了企业环保投资效率及其主要维度与企业价值的关系；通过实证检验企业环保投资效率及其主要维度与企业价值关系结论给出了相关政策建议。

（二）增加了对企业环保投资效率相关核心概念新的认识

笔者认为应基于"投资观"认识环保投资，但环保投资不同于一般投资，环保投资具有外部性特征，其投资效益是指因进行环保投资而产生的包括经济效益、环境效益和社会效益在内的综合效益；环保投资主体应分为政府环保投资和企业环保投资，企业环保总投入包括环境污染预防投资、日常维护投资及污染治理投资等内容，企业环保投资首要强调环保投资的经济效益，兼顾社会效益和环境效益；企业环保投资经济效益分为直接经济效益和间接经济效益两部分，直接经济效益是指由于企业进行环保投资而于生产经营或提供劳务过程中产生的经济利益，间接经济效益是指企业于生产经营或提供劳务过程之外获得的与环保方面有关的经济利益；企业环保投资效率是指企业环保投资总效益除以企业环保总投入，即企业环保投资的产出与投入比值，反映的是对企业环保投资过程的评价，并提出研究企业环保投资效率应基于企业环保总投入持续增长。

（三）构建了全新的企业环保投资效率评价指标体系

本书依据效率理论、企业环境战略理论和利益相关者理论确定了企业环保投资效率评价指标体系总的指标结构、指标内容。

企业环保投资效率评价指标体系分为两个子系统——企业环保投资总效益子系统和企业环保总投入子系统，其总的指标体系结构为比值关系；企业环保投资效率评价指标体系评价的总目标是促进企业环保投资产出与投入的比值增大，评价的子目标是促进企业环保投资创造更好的经济效益，企业环保投资带来的环境质量持续改善，企业环保投资使得受其影响的利益相关者对企业环保满意度评价越来越高，企业用于环保投资的总金额持续增长；经过初次选择、优化选择两个步骤确定了企业环保投资效率评价指标体系各层次指标，并利用层次分析法，结合专家问卷调查法赋予各层指标合理权重，最后分别通过平方加权平均合成模型和简单加权评价合成模型形成了科学、合理、有效的企业环保投资效率评价指标体系。

二 实证研究结论

本书检验了企业环保投资效率评价指标体系的有效性，以我国环境保护部发布的《上市公司环保核查行业分类管理名录》中列述的行业为研究对象，利用年报内容分析法从这些污染行业上市企业 2009～2013 年发布的财务年度报告和各类型社会责任报告中搜集有效信息，根据构建的企业环保投资效率评价指标体系计算出研究样本的企业环保投资效率。在后续的实证检验中，通过经典 Ohlson 模型样本数据的有效性对经典 Ohlson 模型作适当修正，证实了企业环保投资效率与企业价值具有显著正相关关系，证实了企业环保总投入与企业价值具有显著正相关关系，并先后利用模型对上述研究结果做了稳健性检验，最终证实企业环保投资效率评价指标体系具有一定的科学性、合理性和有效性。

第二节 政策建议

一 政府宏观层面建议

（一）进一步完善企业环保投资信息披露机制

进一步完善企业环保投资信息披露机制，缓解或减少信息不对称。比如，应制定政策促使企业增加环保投入、产出相关信息的披露，如对企业环保投入按环境污染预防投入、日常管理投入和污染治理投入分类列示，企业环保产出按企业环保投资经济效益、企业环保投资环境效益和企业环保投资社会效益分类列示；强制企业披露"三废"及噪声等污染物浓度监测数据等。应以企业社会责任报告、企业环境报告书等发布制度为推手进一步扩大企业环保投资等非财务信息披露内容。搭建应用于资本市场的企业环保投资效率信息评价平台，形成有利于提高企业环保投资效率和加大企业环保投资力度的监督机制。搭建的企业环保投资效率信息评价平台应该具备以下特点：包括企业环保投资效率、企业环保投入等目标在内的多目标评价；重视企业环保投资经济效益，便于企业环保投入与产出的比较；方便应用于资本市场，为企业外部环境信息使用者提供比较、评价不同企业环保投资效率的依据等。

（二）加强政府对企业环保投资的监督职能、完善企业环保投资奖惩制度

加强政府对企业环保投资的监督职能，如加强对企业环境污染的日常监督，建立对企业产品、项目投资、环保设施应用等进行监督的管理制度体系；加强硬件建设、提高环境执法的科技水

平，加强环境执法队伍素质建设、考核环境执法行政人员的业务素质和执法水平；健全环境保护问责制、对环境违法行为予以严惩等。推动政府的环保投资政策制定，进一步完善企业环保投资奖惩制度，建立企业履行社会责任的约束和激励机制。加强企业环保投资奖惩政策制定，增加企业履行环境责任的收益，如直接以现金形式奖励环保投资综合效益优异的企业，增加环保投资效率高的企业政府采购中标比例，给环保投资较好企业以优惠上市政策等；降低企业履行环境责任的成本，如扩大环保投资效率高和环保投资力度大的企业的税收返还比例，增加其税费减免种类，降低其融资成本等；减小企业逃避环境违规惩罚概率，同时加大企业环境违规成本，如充分发挥媒体的监督作用，鼓励社会积极发现、举报企业环境违规事件，对环境违规企业给予大幅提升罚金、课以重税等严厉处罚。

（三）加强环境会计制度

加强环境会计制度建设，使企业更好记录环保投入、产出经济数据。制定和执行环境会计准则与环境会计制度是企业加强环保内部控制制度的必然选择。因此，制定和执行环境会计准则和相应的环境会计制度是现阶段政府从规范性角度推进企业开展环保工作的迫切任务。西方发达国家正是通过完善环境立法和环境会计准则与制度，从法律层面和制度层面引导企业树立环境绩效理念，促使企业自觉地开展环境治理行动和努力提高环保投资绩效。借鉴西方发达国家做法，我国也应该加强环境会计制度和环境会计准则建设，只有环境治理投资业务有合理的会计核算方法，环境治理投资产生的经济效益才会在报表中得到充分体现，也才能使企业真正认识到企业环保投资可产生显著的经济效益，才能真正促使企业加大环保投资和提高企业环保投资效率。

二 市场中观层面建议

加强企业外部利益相关者对企业的监督，应在企业绩效评价指标中增加企业环保投资效率评价指标，使利益相关者利用该指标评价企业环保绩效，并可以依据该指标做出决策；增加利益相关者对企业环保投资满意度评价信息，便于衡量企业环保投资社会效益。

利益相关者对企业环境问题越关注，就越能推动企业增加污染治理投资。广大利益相关者应具有强烈的意愿参与到监督企业社会责任的行动中来，尤其是外部利益相关者应共同辅助和配合政府建立推动企业开展环保活动的社会机制，将企业生产经营活动与环保行为根植于各利益相关者共同监督的网络关系中。可以说，消费者、投资者等利益相关者参与环境保护的非正式管制工具可作为政府环境管制工具的有益补充。因此，广大利益相关者应参与到企业环境保护工作中来并充分利用资本市场发挥"外部监管者"作用，如消费者通过产品市场购买绿色产品促进企业的环保投资和"绿色生产"行为；投资者通过资本市场对那些缺乏社会责任和环境责任的企业，减少对其的资金投入甚至撤资。只有广大利益相关者也积极参与到环境保护中来，企业才会有更大的动力和压力去履行其所应承担的社会责任与环境责任，也才能有效保证企业环境信息披露的质量，提高企业的环境治理水平和环保投资效率。

三 企业微观层面建议

（一）强化企业环境绩效评价、社会责任等意识

企业应强化环境绩效评价意识，应定期计算企业环保产出与

投入的比值，使该比值成为衡量企业经营者资产管理能力的指标；企业期初应预计环保产出与投入，并与期末实际值进行比较，作为衡量企业经营者经营管理能力的指标。

应加强企业履行社会责任意识，强化企业高层及员工了解现代企业的责任层次意识，在企业内部形成履行社会责任的企业文化，从根本上激发企业履行社会责任的主动性。

加强企业环境保护主动投资意识，引导企业正确认识环保投资，通过提高企业环保投资经济效益意识，促使企业主动进行环保投资。只有使企业认识到环保投资能带来丰厚的经济效益，使企业产生内在动力，才能真正促使企业持续不断进行环保投资（李海萍，2004；万林葳，2012）。

加强企业清洁生产意识，积极开展环境保护从"末端治理"转向清洁生产，调整企业环保投资结构。清洁生产对生产过程而言，就是要求企业从产品开发、原料选择、工艺设计诸多环节入手，尽可能进行节能降耗；对产品而言，则是通过生命周期分析，使得从原材料取得到产品最终处置的过程中，体现降污减排的思想。

强化提高企业环保投资效率增加企业价值意识。笔者经过实证研究，发现企业提高环保投资效率会显著增加企业价值，因此，有必要使企业认识到企业为实现增加企业价值的财务目标也必然要提高环保投资效率。

（二）制定科学、有效的企业环境保护相关制度

企业在提高环保意识与坚持"绿色生产"理念的同时，还需要制定科学的环保投资决策制度、有效的环境保护内控制度等相关制度。投资规模的确定与控制不仅要考察其产出的生产能力，而且需要以提高投资效率为出发点，从而实现最优投资效率的投资规模。因此，企业需要制定科学的环保投资决策制度，以追求包含环境效益、社会效益和经济效益在内的综合效益最大化。近年来，证监会出台了一系列环保审查制度与社会责任信息披露指引，这些政策文件体现了促进企业环保制度化管理的要求，对企业而言，真正执行环境政策与环保法律法规、有效解决自身环境问题，设置环境管理机构、建立和执行环保内部控制制度是其必要条件和前提条件。实证分析也发现，环境管理机构的设立有助于企业改善环保投资绩效和提高环保投资效率（李龙会，2013），因此，企业需要制定有效的环境保护内控制度以提高企业环保投资效率。

第三节　研究创新

构建了全新的企业环保投资效率评价指标体系，该评价指标体系既明确了企业投资环境保护追求经济效益，也明确了政府要求企业环保投资追求环境效益和社会效益，也就是企业环保投资追求包括经济效益、环境效益和社会效益在内的综合效益；该评价指标体系界定企业环保投资效率为企业环保投资总效益除以企业环保总投入，考察的是企业环保投资过程的绩效。

在利用企业环保投资效率评价指标体系计算企业环保投资效率过程中，环境效益和社会效益指标的合成利用了平方加权平均的合成思想，体现了环境绩效评价中常用的"奖惩"思想，也使得企业环保投资效率评价指标体系具有变权的特征。计算出的企业环保投资效率具有动态特点，随着样本单位、样本数量、时间范围等的变化，同一企业的环保投资效率会出现变动，这种动态思想会使企业环保投资效率具有预期评价的特点，即如果企业期初公布了企业的环保投资、污染防治计划,该指标体系就会形成预期企业环保投资效率和实际企业环保投资效率的比较,对企业价值的影响解释将更有力。

利用我国资本市场数据实证检验,基于经典 Ohlson 模型证实利用企业环保投资效率评价指标体系计算得出的企业环保投资效率与企业价值具有显著正相关关系,同时也得出企业环保总投入与企业价值显著正相关、企业环保投资环境效益与企业价值显著正相关等有益结论,为企业加大环保总投入和提高环保投资效率产生更大企业价值提供了经验证据,为利益相关者通过企业环保投资效率指标做出决策提供了经验证据,也为政府制定相关环境法规、规章和制度提供了数据支持。

第四节　研究局限与展望

一　研究局限

(一) 较少的有效样本量一定程度上影响研究结论

由于很多企业视环境污染数据为商业秘密拒绝公开披露,利用资本市场搜集符合企业环保投资效率评价指标体系指标要求的数据很困难,以 2012 年企业社会责任报告为例,沪深两市 700 多家污染行业上市企业只有 200 多家企业发布社会责任报告,而符合企业环保投资效率评价指标体系信息数据搜集要求的社会责任报告更是少之又少,总共不到 10 家。时间范围扩大到 2009 ~ 2016 年,搜集的有效样本不过一百多个。这种情况不仅造成工作量庞大,更是给实证检验结果带来了一定偏差,其研究结论势必会受到一定影响。

（二）数据信息准确性的缺乏会带来一定程度研究偏差

由于我国环境会计发展较晚，很多企业没有明确环保收益、环保成本所计入的会计科目，不少企业也没有对环保收益、投入进行合适分类。这使得研究者需要通过研究判断搜集相关指标信息，更多的是不得不从总数据中析出所需要的信息，尽管笔者尽力根据客观标准及合理依据搜集信息，但仍然会在一定程度上影响数据的准确性，也会给实证检验结果带来一定偏差。

二　研究展望

为解决本书的研究局限，未来的研究内容可以包括以下一些内容。

第一，如何进一步完善环境会计，使更多环境信息以规范、明确的形式体现在财务报告、社会责任报告中，便于基于企业环保投资效率评价指标体系快速搜集、计算企业环保投资效率，将是后续研究的重点。

第二，在利用企业环保投资效率评价指标体系计算企业环保投资效率时遇到很多数据难以分离的情况，如何基于目前资本市场公开数据寻找企业环保投资效率评价指标体系指标合适替代变量，以便于企业环保投资效率评价指标体系在资本市场中推广使用，这种想法也将促使笔者后续展开该方面研究。

第三，相关研究文献指出，企业投资非效率意味着公司治理有问题，那么企业环保投资效率是否与公司治理有必然联系？如果有，具体主要表现在公司哪些治理方面？基于公司治理理论研究企业环保投资效率是对企业环保投资效率理论研究的发展，也将是笔者后续研究的方向之一。

参考文献

一 中文文献

1. 安树民、张世秋:《论中国环境保护投资的市场化运作》,《中国人口·资源与环境》2004 年第 4 期。

2. 包刚:《环境资产在企业价值创造中的影响》,《生态经济》2011 年第 1 期。

3. 曹洪军、刘颖宇:《我国环境保护经济手段应用效果的实证研究》,《理论学刊》2008 年第 12 期。

4. 曹颖、王金南、曹国志等:《中国在全球环境绩效指数排名中持续偏后的原因分析》,《环境污染与防治》2010 年第 12 期。

5. 曹颖:《环境绩效评估指标体系研究——以云南省为例》,《生态经济》2006 年第 5 期。

6. 常媛、熊雅婷:《基于价值链理论的环境绩效评价体系构建》,《会计之友》2016 年第 2 期。

7. 车圣保:《效率理论述评》,《商业研究》2011 年第 5 期。

8. 车圣保:《效率视角下的自然垄断规制研究》,博士学位论文,江西财经大学，2010。

9. 陈慧：《国土资源调查项目评估研究》，硕士学位论文，中国地质大学，2011。

10. 陈璇、淳伟德：《环境绩效、环境信息披露与经济绩效相关性研究综述》，《软科学》2010 年第 6 期。

11. 成金华、谢雄标：《我国企业环境管理模式探析》，《江汉论坛》2004 年第 2 期。

12. 戴玉才、小柳秀明：《日本电力企业环境效率指标应用及借鉴意义》，《环境与可持续发展》2006 年第 1 期。

13. 党建忠、陈军、褚俊红：《基于 Feltham＿Ohlson 模型的中国上市公司股票价格影响因素检验》，《统计研究》2004 年第 3 期。

14. 邓秋云：《非经常性损益与股票价格的相关性分析》，《财经理论与实践》2005 年第 3 期。

15. 杜强：《企业环境管理的探讨》，《福建论坛》2006 年第 11 期。

16. 段泽然：《国内外生态投资研究综述》，《商场现代化》2011 年第 3 期。

17. 方丽娟、钟田丽、耿闪清：《企业环境绩效评价指标体系构建及应用》，《统计与决策》2013 年第 21 期。

18. 房巧玲、刘长翠、肖振东：《环境保护支出绩效评价指标体系构建研究》，《审计研究》2010 年第 3 期。

19. 傅亚平：《风险管理影响企业价值的内在机理》，《财经科学》2006 年第 12 期。

20. 高长元、王宏起：《高新技术产品评价系统研究》，《系统工程理论与实践》1999 年第 2 期。

21. 高红贵、王苏楠：《湖北环保产业投融资现状及资金供需矛盾的纾缓策略》，《科技进步与对策》2009 年第 20 期。

22. 郭鹏、郑唯唯：《AHP 应用的一些改进》，《系统工程》1995 年第 1 期。

23. 国务院国资委：《关于中央企业履行社会责任的指导意见》，2007。

24. 韩强、曹洪军、宿洁：《我国工业领域环境保护投资效率实证研究》，《经济管理》2009 年第 5 期。

25. 何丽梅、侯涛：《环境绩效信息披露及其影响因素实证研究——来自我国上市公司社会责任报告的经验证据》，《中国人口·资源与环境》2010 年第 8 期。

26. 何平林、石亚东、李涛：《环境绩效的数据包络分析方法——一项基于我国火力发电厂的案例研究》，《会计研究》2012 年第 2 期。

27. 何旭东、侯立松、孙冬煜等：《环境投资理论研究与发展》，《四川环境》1999 年第 1 期。

28. 和金生、赵焕臣、杜秀珍：《用层次分析法探讨科研成果的综合评价》，《系统工程理论与实践》1985 年第 1 期。

29. 贺红艳、刘玉艳：《基于经济学视角下环境资产对企业价值评估的影响分析》，《全国商情·经济理论研究》2006 年第 11 期。

30. 侯岳衡、沈德家：《指数标度及其与几种标度的比较》，《系统工程理论与实践》1995 年第 10 期。

31. 黄少安：《产权经济学导论》，经济科学出版社，2004。

32. 蒋峦、谢卫红、蓝海林：《企业竞争优势理论综述》，《软科学》2005 年第 4 期。

33. 卡哈日曼·艾买提：《环保投资的特点及其综合评价方法》，《中国管理信息化》2013 年第 5 期。

34. 李昌清：《略论投资概念的内含与外延》，《投资研究》1995 年第 10 期。

35. 李冬伟、黄波:《基于 PDCA 的企业环境绩效评价体系构建》,《财会通讯》2018 年第 20 期。

36. 李克国:《环境经济学》,中国环境科学出版社,2003。

37. 李海萍、向刚、高忠仕等:《从"囚徒困境"的博弈分析中探讨企业绿色持续创新的动力》,《科技与进步对策》2004 年第 1 期。

38. 左军:《层次分析法中判断矩阵的间接给出法》,《系统工程》1988 年第 6 期。

39. 李培功、沈艺峰:《社会规范、资本市场与环境治理:基于机构投资者视角的经验证据》,《世界经济》2011 年第 6 期。

40. 李善民、毛雅娟、赵晶晶:《利益相关者理论的新进展》,《经济理论与经济管理》2008 年第 12 期。

41. 李辛欣:《环境业绩对企业价值的影响研究》,硕士学位论文,长沙理工大学,2011。

42. 李洋、王辉:《利益相关者理论的动态发展与启示》,《现代财经》2004 年第 4 期。

43. 李正:《企业社会责任与企业价值的相关性研究》,《中国工业经济》2006 年第 2 期。

44. 林梅:《投资理论研究文献综述》,《财经理论与实践》2004 年第 3 期。

45. 林兢、陈筱:《我国石化行业环境绩效评价现状调查分析》,《福建论坛·人文社会科学》2010 年第 9 期。

46. 刘帮成、王雄、姜太平:《中国企业环境管理现状与分析》,《经济管理·新管理》2001 年第 10 期。

47. 刘蓓蓓、俞钦钦、毕军等:《基于利益相关者理论的企业环境绩效影响因素研究》,《中国人口·资源与环境》2009 年第

6 期。

48. 刘昌黎：《关于投资相关概念的理论思考》，《东北财经大学学报》2008 年第 5 期。

49. 刘建秋、宋献中：《社会责任与企业价值创造研究——回顾与展望》，《中南财经政法大学学报》2010 年第 3 期。

50. 刘立秋、刘璐：《区域环保投资 DEA 相对有效性分析》，《天津大学学报》2000 年第 2 期。

51. 刘志远、贾家琦、梅丹、陆宇建：《企业投资绩效评价与融资成本估算体系》，经济科学出版社，2007。

52. 刘永祥、张友棠、杨蕾：《企业环境绩效评价指标体系设计与应用研究》，《财会通讯》2011 年第 13 期。

53. 鲁焕生、高红贵：《中国环保投资的现状及分析》，《中南财经政法大学学报》2004 年第 6 期。

54. 陆淳鸿：《企业竞争优势理论演进评述》，《经济问题》2007 年第 4 期。

55. 骆正清、杨善林：《层次分析法中几种标度法的比较》，《系统工程理论与实践》2004 年第 9 期。

56. 攀福祥：《公司治理与企业价值的研究》，《中国工业经济》2004 年第 4 期。

57. 彭峰、李本东：《环境保护投资概念辨析》，《环境科学与技术》2005 年第 5 期。

58. 企业社会责任研究中心：《中国企业社会责任报告编写指南2.0》，2011。

59. 乔永波：《加大企业环保投资 控制环境污染》，《环境保护》2013 年第 17 期。

60. 秦颖、武春友、孔令玉：《企业环境战略理论产生与发展的脉络研究》,《中国软科学》2004 年第 11 期。

61. 邱东:《多指标综合评价方法的系统分析》,中国统计出版社,1991。

62. 上海证券交易所:《上海证券交易所上市公司环境信息披露指引》,2008。

63. 邵以智:《论投资概念的科学定义》,《投资研究》1991 年第 4 期。

64. 深圳证券交易所:《上市公司社会责任指引》,2006。

65. 沈红波、谢越、陈峥嵘:《企业的环境保护、社会责任及其市场效应》,《中国工业经济》2012 年第 1 期。

66. 沈能:《环境效率、行业异质性与最优规制强度——中国工业行业面板数据的非线性检验》,《中国工业经济》2012 年第 3 期。

67. 施建军:《层次分析法在统计综合评价中的应用》,《统计与决策》1992 年第 1 期。

68. 舒康、梁镇伟:《AHP 中的指数标度》,《系统工程理论与实践》1990 年第 10 期。

69. 苏利平、程爱红:《稀土企业环境绩效评价指标体系及模型构建》,《会计之友》2016 年第 24 期。

70. 苏明:《我国环境保护的公共财政政策走向》,《学习论坛》2009 年第 1 期。

71. 苏为华:《多指标综合评价理论与方法问题研究》,博士学位论文,厦门大学,2000。

72. 苏为华:《我国多指标综合评价技术与应用研究的回顾与认识》,《统计研究》2012 年第 8 期。

73. 苏为华:《论统计指标测验》,《统计研究》1993 年第 6 期。

74. 苏为华：《论统计指标的构造过程》，《统计研究》1996 年第 5 期。

75. 汤尚颖、徐翔：《准确理解生态投资的内涵》，《理论探索》2004 年第 6 期。

76. 唐国平、李龙会：《股权结构、产权性质与企业环保投资》，《财经问题研究》2013 第 3 期。

77. 汤健、邓文伟：《基于 DPSIR 模型的资源型企业环境绩效评价》，《会计之友》2017 年第 1 期。

78. 唐欣：《基于模糊层次分析的企业循环经济经营绩效评估研究》，《中小企业管理与科技》2010 年第 12 期。

79. 陶岚：《重污染企业环境绩效评价体系构建》，《财会通讯》2015 年第 28 期。

80. 陶跃华：《环保投资是区域可持续发展的关键》，《环境保护》1998 年第 1 期。

81. 田翠香：《环境信息披露、环境绩效与企业价值》，《财会通讯》2010 年第 7 期。

82. 汪浩、马达：《层次分析法标度评价与新标度方法》，《系统工程理论与实践》1993 年第 5 期。

83. 汪培庄、李洪兴：《模糊系统理论与模糊计算机》，科学出版社，1996。

84. 汪洋、屠梅曾、张琚逦：《我国环保投资结构分类的修正》，《环境保护》1999 年第 9 期。

85. 王昌海、温亚利、李强、高海波：《秦岭自然保护区群生态效益计量研究》，《中国人口·资源与环境》2011 年第 6 期。

86. 王昌海、温亚利、李强、胡崇德、司开创：《秦岭自然保护区群社会效益计量研究》，《中国人口·资源与环境》2011 年第

7 期。

87. 王昌海、温亚利、李强、司开创、胡崇德：《秦岭自然保护区群保护成本计量研究》，《中国人口·资源与环境》2012 年第 3 期。

88. 王昌海、温亚利、李强、司开创、胡崇德：《秦岭自然保护区群成本效益研究（Ⅰ）——成本效益比较》，《资源科学》2012 年第 5 期。

89. 王昌海、温亚利、李霄宇、司开创、胡崇德：《秦岭自然保护区群成本效益研究（Ⅲ）——综合效益评价》，《资源科学》2012 年第 11 期。

90. 王成秋：《投资效率研究》，博士学位论文，天津财经大学，2004。

91. 王京芳、王露、曾又其：《企业环境管理整合性架构研究》，《软科学》2008 年第 1 期。

92. 王军、汤大伟：《企业环境报告书期待中国指南》，《环境经济》2007 年第 7 期。

93. 王立岩：《基于两阶段 DEA 模型的城市环保治理效率评价》，《统计与决策》2010 年第 12 期。

94. 王立彦、袁颖：《环境和质量管理认证的股价效应》，《经济科学》2004 年第 6 期。

95. 王立彦、林小池：《ISO14000 环境管理认证与企业价值增长》，《经济科学》2006 年第 3 期。

96. 王珉：《火力发电企业环境保护投资效率评价体系构建与应用研究》，硕士学位论文，内蒙古大学，2010。

97. 王晓巍、陈慧：《基于利益相关者的企业社会责任与企业价值关系研究》，《管理科学》2011 年第 6 期。

98. 王子郁：《中美环境投资机制的比较与我国改革之路》，《安徽大学学报》2001 年第 6 期。

99. 魏巍贤：《企业信用等级综合评价方法及应用》，《系统工程理论与实践》1998 年第 2 期。

100. 温素彬、薛恒新：《基于科学发展观的企业三重绩效评价模型》，《会计研究》2005 年第 4 期。

101. 温素彬：《经济增长综合评价指标体系的设置》，《江苏统计》1996 年第 8 期。

102. 吴小庆、陆根法、王远等：《基于 DEA 方法的我国环保类上市公司经营效率分析》，《生产力研究》2009 年第 23 期。

103. 肖序、王军莉：《企业如何实现环境业绩与经济业绩的双赢》，《郑州经济管理干部学院学报》2006 年第 4 期。

104. 颉茂华、刘向伟、白牡丹：《环保投资效率实证与政策建议》，《中国人口·资源与环境》2010 年第 4 期。

105. 颉茂华、王媛媛：《能源类企业环境保护投资效率评价》，《煤炭经济研究》2011 年第 4 期。

106. 颉茂华：《企业环境投资决策方法研究——模糊层次分析法》，《金融教学与研究》2009 年第 5 期。

107. 姚翠红：《基于 EBM 的企业环境绩效评价——以粤西企业为例》，《财会通讯》2014 年第 28 期。

108. 徐翔、汤尚颖：《生态投资的内涵及其哲学思考》，《理论月刊》2005 年第 11 期。

109. 徐泽水：《层次分析新标度法》，《系统工程理论与实践》1998 年第 10 期。

110. 徐泽水：《关于层次分析法中几种标度的模拟评估》，《系统工程理论与实践》2000 年第 7 期。

111. 许树柏：《层次分析法原理》，天津大学出版社，1988。

112. 许松涛、肖序：《上市公司环境规制、产权性质与融资约束》，《经济体制改革》2011 年第 4 期。

113. 严冬梅、戴淑芬、王莺远：《浅谈我国环保投资项目的经济效益》，《技术经济》2004 年第 1 期。

114. 颜伟、唐德：《基于 DEA 模型的中国环保投入相对效率评价研究》，《生产力研究》2007 年第 4 期。

115. 杨洋：《我国企业环境保护投资综合效益的研究》，硕士学位论文，中国地质大学，2010。

116. 尹希果、陈刚、付翔：《环保投资运行效率的评价与实证研究》，《当代财经》2005 年第 7 期。

117. 尤华、徐波、白建东：《政府投资环保项目的效用分析》，《中国软科学》2000 年第 12 期。

118. 游海燕：《基于 BP 原理的指标体系建立模型方法研究》，硕士学位论文，第三军医大学，2004。

119. 虞晓芬：《多指标综合评价方法综述》，《统计与决策》2004 年第 11 期。

120. 袁明、周明山：《投资建设项目审计关注点》，《中国审计》2007 年第 16 期。

121. 翟帆：《〈企业环境报告书编制导则〉指标体系研究》，硕士学位论文，青岛理工大学，2010。

122. 张爱美、董雅静、吴卫红、李文瑜：《基于复合权重 - TOPSIS 法的我国化工企业环境绩效评价研究》，《科技管理研究》2014 年第 18 期。

123. 张彬、左晖：《能源持续利用、环境治理和内生经济增长》，《中国人口·资源与环境》2007 年第 5 期。

124. 张炳、毕军、黄和平等：《基于 DEA 的企业生态效率评价》，

《系统工程理论与实践》2008 年第 4 期。

125. 张成、于同申、郭路：《环境规制影响了中国工业的生产率吗——基于 DEA 与协整分析的实证检验》，《经济理论与经济管理》2010 年第 3 期。

126. 张红凤、周峰、杨慧等：《环境保护与经济发展双赢的规制绩效实证分析》，《经济研究》2009 年第 3 期。

127. 张红军、王学军、刘岚君：《中国环境保护投资效益和效益评价体系的建设》，《管理世界》1995 年第 2 期。

128. 张坤民、孙荣庆：《中国环境保护投资报告》，清华大学出版社，1992。

129. 张明哲：《社会效益：理论、指标体系与方法探索》，硕士学位论文，兰州大学，2007。

130. 张素蓉、孙海军、王守俊：《钢铁企业环境绩效评价指标体系与方法的构建》，《会计之友》2014 年第 24 期。

131. 张先治：《经济效益基本内涵研究》，《财经问题研究》1996 年第 3 期。

132. 赵丽萍、万小娟、胡晓康：《MFCA 核算体系对环境绩效评价的影响和完善》，《会计之友》2016 年第 24 期。

133. 赵领娣、巩天雷：《浅谈企业环境战略制约因素》，《中国标准化》2003 年第 12 期。

134. 中国环境保护部：《企业环境报告书编制导则》，2011。

135. 中国科学院可持续发展战略研究组：《2012 中国可持续发展战略报告》，科学出版社，2013。

136. 周菁华：《我国环境保护投资体制及企业投资优化研究》，硕士学位论文，重庆大学，2003。

137. 周生贤：《积极探索中国环保新道路　加快推进经济发展方式

转变和结构调整》，《求是》2010 年第 4 期。

138. 周一虹：《绿色管理：生态效率指标、环境业绩指标和财务业绩指标结合方法探讨》，《兰州商学院学报》2005 年第 3 期。

139. 朱锡庆、黄权国：《企业价值评估方法综述》，《财经问题研究》2004 年第 8 期。

140. WTO 经济导刊、中国企业社会责任发展中心：《中国企业社会责任报告研究 2001～2009》，2009。

141. WTO 经济导刊、责扬天下（北京）管理顾问有限公司、北京大学社会责任与可持续发展国际研究中心：《中国企业社会责任报告研究 2010》，2010。

142. WTO 经济导刊、责扬天下（北京）管理顾问有限公司、北京大学社会责任与可持续发展国际研究中心：《金蜜蜂中国企业社会责任报告研究 2011》，2011。

143. WTO 经济导刊、责扬天下（北京）管理顾问有限公司、北京大学社会责任与可持续发展国际研究中心：《金蜜蜂中国企业社会责任报告研究 2012》，2012。

144. WTO 经济导刊、中国经济信息网、责扬天下（北京）管理顾问有限公司、北京大学社会责任与可持续发展国际研究中心：《金蜜蜂中国企业社会责任报告研究 2013》，2013。

二　英文文献

1. Abbott, and Monsen. On the Measurement of Corporate Social Responsibility: Self-reported Disclosures as a Method of Measuring Corporate Social Involvement, *Academy of Management Journal*, 1979.

2. Al-Tuwaijri, S. A. , T. E. Christensen and K. E. Hughes Ⅱ, The Relations among Environmental Disclosure, Environmental Perform-

ance, and Economic Performance: A Simultaneous Equations Approach, *Accounting, Organizations and Society*, 2004.

3. Arora, S. , Cason T. N. , Why Do Firms Voluntary to Exceed Environmental Regulation? Understanding Participation in EPA's 33/50 Program, *Land Economics*, 1996.

4. Baker, W. E. , Sinkula, J. M. , Environmental marketing strategy and firm performance: Effect on New Product Performance and market Share, *Journal of the Academy of Marketing Science*, 2005.

5. Barnea, A. ; Heinkel, R. and Kraus, A. Green Investors and Corporate Investment, Structural Change and Economic Dynamics,. 2005.

6. Bansal, P. , Roth, K. , Why Companies Go Green: A Model of Ecological Responsiveness, *Academy of Management Journal*, 2000.

7. Bing Zhang, Jun Bia, Ziying Fan, Zengwei Yuan, Junjie Ge, Eco-efficiency analysis of industrial system in China: A data envelopment analysis approach , *Ecological Economics*, 2008.

8. Bowman, E. H. &Haire, M. A Strategic Posture toward Corporate Social Responsibility. California Management Review, 1975.

9. Caroline Gauthie, Measuring Corporate Social and Environmental Performance: The Extended Life-Cycle Assessment, *Journal of Business Ethics*, 2005.

10. Christmann, P. Effects of "Best Practices" of Environmental Management on Cost Advantage: the Role of Complementary Assets, *Academy of Management Journal*, 2000.

11. Charlene Sinkin, Charlotte J. Wright, Royce D. Burnett, Eco-efficiency and firm value, *Journal of Accounting and Public Policy*, 2008.

12. Cochran, P. L, Wood, & A. Corporate Social Responsibility and

Financial Performance, *Academy of Management Journal*, 1984.

13. Corbett, C. J. and J. N. Pan, Evaluating environmental perform-ance using statistical process control techniques, *European Journal of Operational Research*, 2002.

14. Dasgupta, S. , Laplante, B. , Pollution and Capital Markets in Devel-oping Countries, *Journal of Environmental Economics and Manage-ment*, 2001.

15. Frank Figge, Tobias Hahn, Sustainable Value Added—measuring corporate contributions to sustainability beyond eco-efficiency . *Eco-logical Eco-nomics*, 2004.

16. G. Oggioni, R. Riccardi, R. Toninelli, Eco-efficiency of the world ce-ment industry: A data envelopment analysis, *Energy policy*, 2011.

17. Graham J, Rogers D. Do firms hedge in response to tax incentives? *Journal of Finance*, 2002.

18. GRI : Sustainability Reporting Guidelines, 2006.

19. Hart. A natural-resource-based view of the firm, Academy of Man-agement Review, 1995.

20. Heinkel R, Kraus A, Zechner J. The effect of green investment on corporate behavior , *Journal of Financial and Quantitative Analysis*, 2001.

21. Hughes, S. B. , A. Anderson and S. Golden, Corporate environ-mental disclosures: are they useful in determining environmental performance?, *Journal of Accounting and Public Policy*, 2001

22. Ingram, R. W. and K. B. Frazier, Environmental Performance and Corporate Disclosure, *Journal of Accounting Research*, 1980.

23. ISO, Environmental management —Environmental performance e-

valuation guidelines (ISO − 14031) , 1999.

24. Jean-Franc, Ois Henri, Marc Journeault,. Eco-efficiency and Organizational Practices: an Exploratory Study of Manufacturing Firms, *Environment and Planning C: Government and Policy*, 2009.

25. Julie Doonan、Paul Lanoie、T Benoit Laplante: Determinants of Environmental Performance in the Canadian Pulp and Paper Industry: An Assessment from Inside the Industry. *Ecological Economics*, 2005.

26. Jyri Seppälä, Matti Melanen, Ilmo Mäenpää, Sirkka Koskela, Jyrki Tenhunen, and Marja-Riitta Hiltunen, How Can the Eco-efficiency of a Region be Measured and Monitored?, *Journal of Industrial Ecology*, 2005.

27. Lisa K. Meulbroek, Integrated Risk Management for the Firm: A Senior Managers Guide, Harvard Business School, Working Paper, 2002.

28. Lei Wang, LinyuXu, HuiminSong, Environmental Performance Evaluation of Beijing's Energy Use Planning, *Energy Policy*, 2011.

29. Leland HE. Agency Costs, Risk Management, and Capital Structure, *Journal of Finance*, 1998.

30. Manuela Weber . The Business Case for Corporate Social Responsibility: A Company-level Measurement Approach for CSR, *European Management Journal*, 2008.

31. Mark P. Sharfman, Chitru S. Fernando. Environmental Risk Management and the Cost of Capital, *Strategic Management Journal*, 2007.

32. Miller KD, Bromiley P. Strategic risk and corporate performance: An analysisof alternative risk measures, *Academy of Management*

Journal，1990

33. MOE：Environmental Performance Indicators Guideline for Organizations ，2003.

34. Moriah J. Bellenger，Alan T. Herlihy，Performance-based Environmental Index weights：Are All Metrics Created Equal?，*Ecological Economics*，2010.

35. NRTEE ：Measuring Eco-efficiency In Business：Feasibility Of A Core Set Of Indicators，1999.

36. Orlitzky M，Benjamin，JD. Corporate Social Performance and Firm Risk：A Meta-analytic review，*Business and Society*，2001.

37. Roland W. Scholz and Arnim Wiek，Operational Eco-efficiency Comparing Firms' Environmental Investments in Different Domains of Operation，*Journal of Industrial Ecology*，2005.

38. Rolf Färe，Shawna Grosskopf，Carl A. Pasurka：Jr，Toxic releases：An Environmental Performance Index for Coal-fired Power Plants . *Energy Economics*，2010.

39. Seifert，Morris，and Bartkus. Comparing Big Givers and Small Givers：Financial Correlates of Corporate Philanthropy，*Journal of Business Ethics*，2003.

40. Shameek Konar，Mark A. Cohen. Does The Market Value Environmental Performance?，The Review of Economics and Statistics，2001.

41. Sharma. Proactive Corporate Environmental Strategy and the Development of Competitively Valuable Organizational Capabilities，*Strategic Management Journal*，2008.

42. Sibylle Wursthorn，Witold-Roger Poganietz，Liselotte Schebek，Economic Environmental Monitoring Indicators for European Coun-

tries：A Disaggregated Sector-based Approach for Monitoring Eco-Efficiency, *Ecological Economics*. 2011.

43. Steger，U. Building A Business Case for Corporate Sustainability／／S. Schaltegger，M. Wagner. Managing the Business Case for Sustainability：The Integration of Social Environment and Economic Performance. Sheffield：Greenleaf，2006.

44. Sulaiman A. Al-Tuwaijria, Theodore E. Christensenb, K. E. Hughes, The Relations among Environmental Disclosure, Environmental Performance, and Economic Enformance：Asimultaneous Equations Approach, *Accounting, Organizations and Society*, 2003.

45. Susan G. Hughes, Allison Anderson, Sarah Golden, Corporate Environmental Disclosures：Are They Useful in Determining Environmental Performance? *Journal of Accounting and Public Policy*, 2001.

46. Tao Min, Li Hongwei, Xu Huanjun. Influencing Factor Analysis of the Investment Efficiency of the Environmental Governanc, *Grey System：Theory and Application*, 2011.

47. Tao Zhang, Environmental Performance Assessment of China's Manufacturing, *Asian Economic Journal*, 2010.

48. WBCSD. Measuring Eco-efficiency——A Guide to Reporting Company Performance, 2000

49. WRI：Measuring Up Toward a Common Framework for Tracking Corporate Environmental Performance, 1997.

附　录

附录 A

附录 A1　"企业环保投资效率评价指标体系"调查问卷

您好，我们正在进行一项国家社科基金项目的研究，探讨"企业环保投资效率评价"问题。该调查问卷的目的是确定下文提到的企业环保投资效率评价指标体系中各级指标的准确性及合理性。

（一）企业环保投资效率评价指标体系说明

	一级指标	二级指标	三级指标
企业环保投资效率	企业环保投资总效益（A1）	企业环保投资经济效益（B1）	直接经济效益（C1）
			间接经济效益（C2）
		企业环保投资环境效益（B2）	水环境质量状况（C3）
			空气环境质量状况（C4）
			声环境质量状况（C5）
			固废排放质量状况（C6）
			生物多样性状况（C7）

续表

一级指标	二级指标	三级指标
企业环保投资效率	企业环保投资总效益（A1）	消费者环保投资评价（C8）
	企业环保投资社会效益（B3）	投资者环保投资评价（C9）
		社区环保投资评价（C10）
		社会环保投资评价（C11）
	环境污染预防投资（B4）	
	日常管理投资（B5）	
	污染治理投资（B6）	

（二）基本信息（在相应的选择项前打钩即可）

1. 您所在的行业属于：

A. 采掘业　　　　　　　　　　B. 制造业

C. 电力、煤气及水的生产和供应业

D. 教育科研事业　　　　　　　E. 其他

2. 您从事（或曾经从事）的职业：

A. 环境保护管理　　　　　　　B. 会计财务管理

C. 环境保护研究　　　　　　　D. 投融资研究

E. 其他

（三）具体判断部分（在相应的选择项前打钩即可）

1. 根据您的工作实践，关于企业环保投资信息，您认为企业通常会披露以下哪些环保相关信息？

A. 企业环保投资经济效益　　　B. 企业环保投资环境效益

C. 企业环保投资社会效益　　　D. 企业环保投资投入成本

E. 其他

注：如选择其他，请列示具体投入内容＿＿＿＿＿＿＿＿＿＿＿＿＿

2. 根据您的工作实践，如果企业披露环保投资经济效益数据，您认为企业通常会利用下列哪些方式披露相关数据（如果没有相关披露，该题可不选择，但请说明没有披露的理由）？

A. 社会责任报告（包括可持续发展报告、环境报告书形式）

B. 财务报表及其附注

C. 临时公告

D. 其他

注：如选择其他，请列示具体方式＿＿＿＿＿＿＿＿＿＿＿＿

＿＿＿＿＿＿＿＿＿＿＿＿＿＿＿＿＿＿＿＿＿＿＿＿＿＿＿＿

如果没有披露相关数据，原因是＿＿＿＿＿＿＿＿＿＿＿＿＿

3. 如果企业披露环保投资经济效益数据（包括经济处罚），您认为披露的具体内容包括下列哪些数据？

A. 能源资源节约创造收益

B. 环保产品销售创造收益

C. "三废"综合利用创造收益

D. 环保补贴

E. 环保奖励

F. 环保处罚

G. 环保税负减少

H. 其他

注：如选择其他，请列示披露的经济效益类型＿＿＿＿＿＿＿

＿＿＿＿＿＿＿＿＿＿＿＿＿＿＿＿＿＿＿＿＿＿＿＿＿＿＿＿

4. 对第3题企业已披露的经济效益类型，您认为管理者比较关注哪些数据？

A. 能源资源节约创造收益

B. 环保产品销售创造收益

C. "三废"综合利用创造收益

D. 环保补贴

E. 环保奖励

F. 环保处罚

G. 环保税负减少

H. 其他

注：如选择其他，请列示管理者关注的经济效益类型_____

---

5. 根据您的工作实践，如果企业披露环保投资环境效益数据，通常会利用下列哪些方式？

A. 社会责任报告（包括可持续发展报告、环境报告书形式）

B. 环境监测报告

C. 临时公告

D. 其他

注：如选择其他，请列示具体方式_____

如果没有披露相关数据，原因是_____

6. 如果企业披露环保投资环境效益数据，您认为披露的具体内容包括下列哪些数据？

A. 水环境质量等级状况

B. 声环境质量等级状况

C. 空气环境质量等级状况

D. 固废排放状况

E. 生物多样性状况

F. 其他

注：如选择其他，请列示披露的环境效益信息类型_____

7. 对第 6 题企业已披露的环境效益类型，您认为管理者比较关注哪些数据？

A. 水环境质量等级状况

B. 声环境质量等级状况

C. 空气环境质量等级状况

D. 固废排放状况

E. 生物多样性状况

F. 其他

注：如选择其他，请列示管理者关注的环境效益类型_____

8. 对第 6 题企业已披露的环境信息数据，您认为国家环保部门比较关注哪些信息？

A. 水环境质量等级状况

B. 声环境质量等级状况

C. 空气环境质量等级状况

D. 固废排放状况

E. 生物多样性状况

F. 其他

注：如选择其他，请列示环保部门关注的环境信息类型_____

9. 根据您的工作实践，如果企业披露环保投资社会效益数据，您认为企业通常会利用下列哪些方式（如果没有相关披露，该题可不选择，但请说明没有披露的理由）？

A. 社会责任报告（包括可持续发展报告、环境报告书形式）

B. 企业满意度调查报告

C. 临时公告

D. 其他

注：如选择其他，请列示具体方式＿＿＿＿＿＿＿＿＿＿＿＿

＿＿＿＿＿＿＿＿＿＿＿＿＿＿＿＿＿＿＿＿＿＿＿＿＿＿＿＿

如果没有披露相关数据，原因是＿＿＿＿＿＿＿＿＿＿＿＿＿

10. 如果企业披露环保投资社会效益数据，您认为披露的具体内容包括下列哪些数据？

A. 消费者环保投资满意度评价

B. 投资者环保投资满意度评价

C. 社区环保投资满意度评价

D. 社会环保投资满意度评价

E. 其他

注：如选择其他，请列示披露的社会效益信息类型＿＿＿＿＿

11. 对第 10 题企业已披露的社会效益类型，您认为管理者比较关注哪些数据？

A. 消费者环保投资满意度评价

B. 投资者环保投资满意度评价

C. 社区环保投资满意度评价

D. 社会环保投资满意度评价

E. 其他

注：如选择其他，请列示管理者关注的社会效益类型＿＿＿＿

12. 根据您的工作实践，如果企业披露环保投资投入成本数据，您认为企业通常会利用下列哪些方式（如果没有相关披露，该题可不选择，但请说明没有披露的理由）？

A. 社会责任报告（包括可持续发展报告、环境报告书形式）

B. 财务报表及其附注

C. 临时公告

D. 其他

注：如选择其他，请列示具体方式＿＿＿＿＿＿＿＿＿＿＿

如果没有披露相关数据，原因是＿＿＿＿＿＿＿＿＿＿＿

13. 如果企业披露环保投资投入成本数据，您认为披露的具体内容包括下列哪些数据？

A. 建设项目"三同时"投入

B. 环境监测设备投入

C. 环保相关研发投入

D. 环境管理日常费用

E. 环保宣传培训费用

F. 环保公益投入

G. 污染治理设备投入

H. 污染设备运行费用

I. 其他

注：如选择其他，请列示披露的环保投入成本类型＿＿＿＿＿＿

14. 对第 13 题企业已披露的环保投入成本，您认为管理者比较关注哪些数据？

A. 建设项目"三同时"投入   B. 环境监测设备投入

C. 环保相关研发投入   D. 环境管理日常费用

E. 环保宣传培训费用   F. 环保公益投入

G. 污染治理设备投入   H. 污染设备运行费用

I. 其他

注：如选择其他，请列示管理者关注的环保投入成本类型＿＿＿

附录 A2　"企业环保投资效率评价指标体系指标结构设计"调查问卷

您好，我们正在进行一项国家社科基金项目的研究，探讨"企业环保投资效率评价"问题。该调查问卷的目的是确定下文提到的企业环保投资效率评价指标体系中各级指标在该体系中的相对重要性。

（一）企业环保投资效率评价指标体系说明

	一级指标	二级指标	三级指标
企业环保投资效率	企业环保投资总效益（A1）	企业环保投资经济效益（B1）	直接经济效益（C1）
			间接经济效益（C2）
		企业环保投资环境效益（B2）	水环境质量状况（C3）
			空气环境质量状况（C4）
			声环境质量状况（C5）
			固废排放质量状况（C6）
			生物多样性状况（C7）
		企业环保投资社会效益（B3）	消费者环保投资评价（C8）
			投资者环保投资评价（C9）
			社区环保投资评价（C10）
			社会环保投资评价（C11）
		环境污染预防投资（B4）	
		日常管理投资（B5）	
		污染治理投资（B6）	

（二）基本信息（在相应的选择项前打钩即可）

1. 您所在的行业属于：

A. 采掘业   B. 制造业

C. 电力、煤气及水的生产和供应业

D. 教育科研事业   E. 其他

2. 您从事（或曾经从事）的职业：

A. 环境保护管理   B. 会计财务管理

C. 环境保护研究   D. 投融资研究

E. 其他

（三）具体判断部分（在相应的选择项前打钩即可）

1. 在综合效益组成部分中，经济效益[①]对企业环保投资总效益的影响与环境效益相比，您认为：

A. 极端次要   B. 非常次要

C. 明显次要   D. 略微次要

E. 同样重要   F. 略微重要

G. 明显重要   H. 非常重要

I. 极端重要

2. 在综合效益组成部分中，经济效益对企业环保投资总效益的影响与社会效益相比，您认为：

A. 极端次要   B. 非常次要

C. 明显次要   D. 略微次要

E. 同样重要   F. 略微重要

G. 明显重要   H. 非常重要

---

① 这里的经济效益是指由于企业环保投资给企业自身带来的可货币化的效益，如企业环保投资产生的能源节约等收益的增加、环保设施运行等费用的减少等，下同。

I. 极端重要

3. 在综合效益组成部分中，环境效益对企业环保投资总效益的影响与社会效益相比，您认为：

A. 极端次要   B. 非常次要

C. 明显次要   D. 略微次要

E. 同样重要   F. 略微重要

G. 明显重要   H. 非常重要

I. 极端重要

4. 在企业环保总投入中，环境预防投资[①]对企业环保总投入的影响与日常管理投资相比，您认为：

A. 极端次要   B. 非常次要

C. 明显次要   D. 略微次要

E. 同样重要   F. 略微重要

G. 明显重要   H. 非常重要

I. 极端重要

5. 在企业环保总投入中，环境预防投资对企业环保总投入的影响与污染治理投资相比，您认为：

A. 极端次要   B. 非常次要

C. 明显次要   D. 略微次要

E. 同样重要   F. 略微重要

G. 明显重要   H. 非常重要

---

① 这里的环境污染预防投资是指企业为实现减少污染物向环境的排放，以及通过减少污染物的排放降低生产成本的目的而主动进行的环保投资，如"三同时"投资、环保产品研发投资等；污染治理投资是指企业因环境污染或资源破坏已经出现而被迫产生消除环境负面影响的环保投资，如污染处理设备投资、"三废"综合利用设备投资等；日常管理投资内涵为企业发生的既不属于环境污染预防投资，也不属于污染治理投资的环保投资，如环保公益支出、污染治理运行费用等。

I. 极端重要

6. 在企业环保总投入中，日常管理投资对企业环保总投入的影响与污染治理投资相比，您认为：

A. 极端次要　　　　　　　B. 非常次要

C. 明显次要　　　　　　　D. 略微次要

E. 同样重要　　　　　　　F. 略微重要

G. 明显重要　　　　　　　H. 非常重要

I. 极端重要

7. 在企业环保投资经济效益中，直接经济效益①与间接经济效益相比，您认为：

A. 极端次要　　　　　　　B. 非常次要

C. 明显次要　　　　　　　D. 略微次要

E. 同样重要　　　　　　　F. 略微重要

G. 明显重要　　　　　　　H. 非常重要

I. 极端重要

8. 在企业环保投资环境效益中，水环境质量状况改善与空气环境质量状况改善相比，您认为：

A. 极端次要　　　　　　　B. 非常次要

C. 明显次要　　　　　　　D. 略微次要

E. 同样重要　　　　　　　F. 略微重要

G. 明显重要　　　　　　　H. 非常重要

I. 极端重要

9. 在企业环保投资环境效益中，水环境质量状况改善与声环

① 直接经济效益是指由于企业进行环保投资而于生产经营或提供劳务过程中产生的经济利益，间接经济效益是指企业于生产经营或提供劳务过程之外获得的与环保方面有关的经济利益。

境质量状况改善相比，您认为：

    A. 极端次要   B. 非常次要

    C. 明显次要   D. 略微次要

    E. 同样重要   F. 略微重要

    G. 明显重要   H. 非常重要

    I. 极端重要

10. 在企业环保投资环境效益中，水环境质量状况改善与固废排放状况改善相比，您认为：

    A. 极端次要   B. 非常次要

    C. 明显次要   D. 略微次要

    E. 同样重要   F. 略微重要

    G. 明显重要   H. 非常重要

    I. 极端重要

11. 在企业环保投资环境效益中，水环境质量状况改善与生物多样性改善相比，您认为：

    A. 极端次要   B. 非常次要

    C. 明显次要   D. 略微次要

    E. 同样重要   F. 略微重要

    G. 明显重要   H. 非常重要

    I. 极端重要

12. 在企业环保投资环境效益中，空气环境质量状况改善与声环境质量状况改善相比，您认为：

    A. 极端次要   B. 非常次要

    C. 明显次要   D. 略微次要

    E. 同样重要   F. 略微重要

    G. 明显重要   H. 非常重要

 I. 极端重要

13. 在企业环保投资环境效益中，空气环境质量状况改善与固废排放状况改善相比，您认为：

 A. 极端次要   B. 非常次要

 C. 明显次要   D. 略微次要

 E. 同样重要   F. 略微重要

 G. 明显重要   H. 非常重要

 I. 极端重要

14. 在企业环保投资环境效益中，空气环境质量状况改善与生物多样性改善相比，您认为：

 A. 极端次要   B. 非常次要

 C. 明显次要   D. 略微次要

 E. 同样重要   F. 略微重要

 G. 明显重要   H. 非常重要

 I. 极端重要

15. 在企业环保投资环境效益中，声环境质量状况改善与固废排放状况改善相比，您认为：

 A. 极端次要   B. 非常次要

 C. 明显次要   D. 略微次要

 E. 同样重要   F. 略微重要

 G. 明显重要   H. 非常重要

 I. 极端重要

16. 在企业环保投资环境效益中，声环境质量状况改善与生物多样性改善相比，您认为：

 A. 极端次要   B. 非常次要

 C. 明显次要   D. 略微次要

E. 同样重要　　　　　　　　F. 略微重要

G. 明显重要　　　　　　　　H. 非常重要

I. 极端重要

17. 在企业环保投资环境效益中，固废排放状况改善与生物多样性改善相比，您认为：

A. 极端次要　　　　　　　　B. 非常次要

C. 明显次要　　　　　　　　D. 略微次要

E. 同样重要　　　　　　　　F. 略微重要

G. 明显重要　　　　　　　　H. 非常重要

I. 极端重要

18. 在企业环保投资社会效益中，关于企业环保投资满意度评价①，消费者满意度评价与投资者满意度评价相比，您认为：

A. 极端次要　　　　　　　　B. 非常次要

C. 明显次要　　　　　　　　D. 略微次要

E. 同样重要　　　　　　　　F. 略微重要

G. 明显重要　　　　　　　　H. 非常重要

I. 极端重要

19. 在企业环保投资社会效益中，关于企业环保投资满意度评价，消费者满意度评价与社区满意度评价相比，您认为：

A. 极端次要　　　　　　　　B. 非常次要

C. 明显次要　　　　　　　　D. 略微次要

E. 同样重要　　　　　　　　F. 略微重要

G. 明显重要　　　　　　　　H. 非常重要

I. 极端重要

————————

① 这里的企业外部各利益相关者环保投资评价均指对企业环保投资的满意度评价。

20. 在企业环保投资社会效益中，关于企业环保投资满意度评价，消费者满意度评价与社会满意度评价相比，您认为：

A. 极端次要   B. 非常次要

C. 明显次要   D. 略微次要

E. 同样重要   F. 略微重要

G. 明显重要   H. 非常重要

I. 极端重要

21. 在企业环保投资社会效益中，关于企业环保投资满意度评价，投资者满意度评价与社区满意度评价相比，您认为：

A. 极端次要   B. 非常次要

C. 明显次要   D. 略微次要

E. 同样重要   F. 略微重要

G. 明显重要   H. 非常重要

I. 极端重要

22. 在企业环保投资社会效益中，关于企业环保投资满意度评价，投资者满意度评价与社会满意度评价相比，您认为：

A. 极端次要   B. 非常次要

C. 明显次要   D. 略微次要

E. 同样重要   F. 略微重要

G. 明显重要   H. 非常重要

I. 极端重要

23. 在企业环保投资社会效益中，关于企业环保投资满意度评价，社区满意度评价与社会满意度评价相比，您认为：

A. 极端次要   B. 非常次要

C. 明显次要   D. 略微次要

E. 同样重要   F. 略微重要

G. 明显重要　　　　　　　　H. 非常重要

I. 极端重要

24. 您关于"企业环保投资效率评价指标体系"的其他看法有哪些？

附录 B

上市公司环保核查行业分类管理名录

行业类别	类型
1. 火电	火力发电（含热电、矸石综合利用发电、垃圾发电）
2. 钢铁	炼铁（含熔融和还原）
	球团及烧结
	炼钢
	铁合金冶炼
	钢压延加工
	焦化
3. 水泥	水泥制造（含熟料制造）
4. 电解铝	包括全部规模、全过程生产
5. 煤炭	煤炭开采及洗选
	煤炭地下气化
	煤化工（煤制油、煤制气、煤制甲醇或二甲醚等）
6. 冶金	有色金属冶炼（常用有色金属、贵金属、稀土金属、其他稀有金属冶炼）
	有色金属合金制造
	废金属冶炼
	有色金属压延加工
	金属表面处理及热处理加工（电镀；使用有机涂层，热镀锌〔有钝化〕工艺）

行业类别	类型
7. 建材	玻璃及玻璃制品制造
	玻璃纤维及玻璃纤维增强塑料制品制造
	陶瓷制品制造
	石棉制品制造；耐火陶瓷制品及其他耐火材料制造
	石墨及碳素制品制造
8. 采矿	石油开采
	天然气开采
	非金属矿采选（化学矿采选；石灰石、石膏开采；建筑装饰用石开采；耐火土石开采；黏土及其他土砂石开采；采盐；石棉、云母矿采选；石墨、滑石采选；宝石、玉石开采）
	黑色金属矿采选
	有色金属矿采选（常用有色金属、贵金属、稀土金属、其他稀有金属采选）
9. 化工	基础化学原料制造（无机酸制造、无机碱制造、无机盐制造、有机化学原料制造、其他基础化学原料制造）
	肥料制造（氮肥制造、磷肥制造、钾肥制造、复混肥料制造、有机肥料及微生物肥料制造、其他肥料制造）
	涂料、染料、颜料、油墨及其他类似产品制造
	合成材料制造（初级形态的塑料及合成树脂制造、合成橡胶制造、合成纤维单〔聚合〕体的制造、其他合成材料制造）
	专用化学品制造（化学试剂和助剂制造、专项化学用品制造、林产化学产品制造、炸药及火工产品制造、信息化学品制造、环境污染处理专用药剂材料制造、动物胶制造、其他专用化学产品制造）
	化学农药制造、生物化学农药及微生物农药制造（含中间体）
	日用化学产品制造（肥皂及合成洗涤剂制造、化妆品制造、口腔清洁用品制造、香料香精制造、其他日用化学产品制造）
	橡胶加工
	轮胎制造、再生橡胶制造

续表

行业类别		类型
10. 石化		原油加工
		天然气加工
		石油制品生产（包括乙烯及其下游产品生产）
		油母页岩中提炼原油
		生物制油
11. 制药		化学药品制造（含中间体）
		化学药品制剂制造
		生物、生化制品的制造
		中成药制造
12. 轻工	酿造	酒类及饮料制造（酒精制造、白酒制造、啤酒制造、黄酒制造、葡萄酒制造、其他酒制造）
		碳酸饮料制造、瓶（罐）装饮用水制造、果菜汁及果菜汁饮料制造、含乳饮料和植物蛋白饮料制造、固体饮料制造、茶饮料及其他软饮料制造；精制茶加工
	造纸	纸浆制造（含浆纸林建设）
		造纸（含废纸造纸）
	发酵	调味品制造（味精、柠檬酸、氨基酸制造等）
		有发酵工艺的粮食、饲料加工
		制糖
		植物油加工
13. 纺织		化学纤维制造
		棉、化纤纺织及印染精加工
		毛纺织和染整精加工
		丝绢纺织及精加工
		化纤浆粕制造
		棉浆粕制造
14. 制革		皮革鞣制加工
		毛皮鞣制及制品加工

图书在版编目（CIP）数据

企业环保投资效率评价指标体系构建研究／乔永波
著. -- 北京：社会科学文献出版社，2019.1
ISBN 978 - 7 - 5201 - 4251 - 9

Ⅰ.①企⋯　Ⅱ.①乔⋯　Ⅲ.①企业环境管理 - 环保投
资 - 投资效率 - 投资评价 - 研究　Ⅳ.①X196

中国版本图书馆 CIP 数据核字（2019）第 017749 号

企业环保投资效率评价指标体系构建研究

著　　者／乔永波

出 版 人／谢寿光
项目统筹／任文武
责任编辑／王玉霞　李艳芳　刘如东

出　　版／社会科学文献出版社・城市和绿色发展分社（010）59367143
　　　　　地址：北京市北三环中路甲29号院华龙大厦　邮编：100029
　　　　　网址：www. ssap. com. cn
发　　行／市场营销中心（010）59367081　59367083
印　　装／三河市龙林印务有限公司

规　　格／开　本：787mm × 1092mm　1/16
　　　　　印　张：13.25　字　数：159千字
版　　次／2019 年 1 月第 1 版　2019 年 1 月第 1 次印刷
书　　号／ISBN 978 - 7 - 5201 - 4251 - 9
定　　价／78.00 元

本书如有印装质量问题，请与读者服务中心（010 - 59367028）联系

版权所有 翻印必究